高雄研究叢刊
第10種

寓居於海陸之際：

打造高雄西南海岸線社群生活的演變

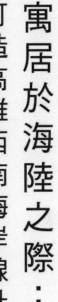

作者

楊柏賢

高雄研究叢刊序

　　高雄地區的歷史發展，從文字史料來說，可以追溯到 16 世紀中葉。如果再將不是以文字史料來重建的原住民歷史也納入視野，那麼高雄的歷史就更加淵遠流長了。即使就都市化的發展來說，高雄之發展也在臺灣近代化啟動的 20 世紀初年，就已經開始。也就是說，高雄的歷史進程，既有長遠的歲月，也見證了臺灣近代經濟發展的主流脈絡；既有臺灣歷史整體的結構性意義，也有地區的獨特性意義。

　　高雄市政府對於高雄地區的歷史記憶建構，已經陸續推出了『高雄史料集成』、『高雄文史采風』兩個系列叢書。前者是在進行歷史建構工程的基礎建設，由政府出面整理、編輯、出版基本史料，提供國民重建歷史事實，甚至進行歷史詮釋的材料。後者則是在於徵集、記錄草根的歷史經驗與記憶，培育、集結地方文史人才，進行地方歷史、民俗、人文的書寫。

　　如今，『高雄研究叢刊』則將系列性地出版學術界關於高雄地區的人文歷史與社會科學研究成果。既如上述，高雄是南臺灣的重鎮，她既有長遠的歷史，也是臺灣近代化的重要據點，因此提供了不少學術性的研究議題，學術界也已經累積有相當的研究成果。但是這些學術界的研究成果，卻經常只在極小的範圍內流通而不能為廣大的國民全體，尤其是高雄市民所共享。

　　『高雄研究叢刊』就是在挑選學術界的優秀高雄研究成果，將之出版公諸於世，讓高雄經驗不只是學院內部的研究議題，也可以是大家共享的知識養分。

　　歷史，將使高雄不只是一個空間單位，也成為擁有獨自之個性與
意義的主體。這種主體性的建立，首先需要進行一番基礎建設，也需
要投入一些人為的努力。這些努力，需要公部門的投資挹注，也需要
在地民間力量的參與，當然也期待海內外的知識菁英之加持。

　　『高雄研究叢刊』，就是海內外知識菁英的園地。期待這個園地，
在很快的將來就可以百花齊放、美麗繽紛。

國立故宮博物院院長

自序

　　能將自己在臺大人類學研究所完成的碩論研究出版成書，是意想不到的驚喜，也是能將我所收到的心意轉化成另一種希望的方式。

　　2017 年，回到十年多沒有踏上的大林蒲，心裡有著許多複雜感情。某個意義上，我也算是半個大林蒲人，畢竟外婆家以前就在大林蒲。在田野初期，當我向當地人表明自己是研究生，想要了解紅毛港、大林蒲與鳳鼻頭的事時，他們大多露出為難的臉色，小心翼翼地回答。經過幾次交談才知道，這段期間，政府委派民間公司調查當地民情與遷村意願，或者是記者也會來採訪他們生活有多苦。起初他們樂於分享，但後來發現政府時而扭曲他們的原意，來符合政府的意圖，又或者記者寫下的報導內容，對於改善他們當下的處境無濟於事時，也開始變得疲於分享。他們一開始以為我也是那些人，不過當我講到以前住在大林蒲時，他們都會親切地露出笑容，詢問我想了解什麼。他們說，擔心被政府騙，也希望我寫的論文能對於他們的處境有一點改變。隨著在田野的時間越久，我的出現不再突兀，我也越來越了解到遷村議題籠罩在高雄西南海岸的上空，跟周圍工業區排放的氣體混在一起。遷村議題就如同每次呼吸都會吸進這些氣體一樣，在當地是日常。這也是在此地做田野的困難，要培養足夠的默契、要知道許多不能明說的關係，這裡的田野需要更長時間的投入與信任感，才能從遷村議題的盤根錯節中，理出一些思緒。不過當特定的議題在當地延燒，也往往能從這個議題上，看到在此地生活的人對於事物的看法。

　　我要謝謝田野中遇到的每一個人，謝謝洪里長、阿花孃、飛魚

叔、柯桑、紅伯、卿姨、綵鈺姐、靜悅、楊星、亮哥。在剛開始田野時，常常待在靜悅與亮哥你們的飲料店，讓我在田野找到熟悉話題，也有夢的共感。楊星哥一次次地帶我拜訪你所認識的人，使我腦中有了清晰的人物圖譜。謝謝紅伯一家，引領我見識魚與人之間的綿密。短短兩年多的田野，中間寒暑假我匆忙地南下，隨即又離開。我一直在田野工作的學習路上打轉，摸索在這個地方的位置。因你們敞開心房，願意容納我的出現，才有後面的故事。

我的研究能夠完成，我要謝謝指導老師呂欣怡老師。我還記得在修老師的「文化田野實習與方法」課程時的那份感動，覺得田野、田野工作與民族誌的力量，就像時代的伏流般，在隱微處靜靜地流淌。在 2019 年初因為擔任老師的文田課程助教前往口湖，那段時間讓我對於田野工作的一切都有了不一樣的感受，體會田野無以言喻的日常。謝謝老師在每次討論時耐心地傾聽與給予建議，細緻又貼心地指點我。我想除了這本書之外，使我收穫最多的，是面對田野與民族誌時的那份坦然。

謝謝我的家人，感謝你們 28 年來的支持。謝謝媽媽，這本書無疑地是獻給你的，是我的研究真正的緣起。我知道你在同一個世界看顧著我們，我會繼續走在你所走過的路，期待再次以不同的生命形式報答。謝謝爸爸、哥哥與弟弟，讓我感受到家人的可貴。謝謝抒敏，一直扮演我的太陽與避風港，忍受我的喜怒哀樂，始終能接住我。

這本書能夠出版，也要感謝高雄市立歷史博物館與巨流圖書編輯的協助。能夠通過 2020 年「寫高雄——屬於你我的高雄歷史」出版及文史調查獎助計畫，感謝審查委員們的指教與肯定，讓我找到我的研究未來可以延伸探討的課題。也謝謝編輯的提醒與確認，協助這本

書的付梓。

　　謝謝人生之師池田先生，持續注視著。

　　此刻，彷彿看到更加崎嶇之山已逼近，直面而來的陽光，映照著
誓願的真實。

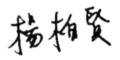

目　次

圖　次

表　次

第一章　緒論

　　由東港至高雄一帶海岸之堆積與隆起作用日減，最低限度已達到飽和程度。所以今後不應再認為是堆積性的海岸而予以輕視。亦即與往昔日據時代之海岸，已發生顯著的變化。所謂高雄、屏東沃原之海岸，今後應當嚴加保護。若以產生海埔地的立場觀之，僅有發展漁港及工業港為主，如南部西海岸漁港之將來的擴展及高雄工業港的擴建等，皆係利用浚港的泥沙，以填築海埔新生地。而非利用海灘之自然堆積所形成。今後此段海岸，不僅不再延長，而且要隨時防備被侵蝕而後退。此意亦非指由東港至高雄一帶海灘，一無利用價值，而是可資利用者已少。如鳳山鳳鼻頭海岸臨近，亦有一部分灘地，但未必適合墾殖。以前一度曾有開闢一條運河直通高雄紅毛港之議，其目的係為開發該一帶臨海地區，後因需款浩鉅而擱置。

張邴曾，1962a：80

　　早期大林蒲地區周遭海岸線因受海水嚴重侵蝕，沿海地區時有海水倒灌之災情發生，高雄市政府環境保護局（以下簡稱本局）為解決此問題，遂於大林蒲海域積極推動「大林蒲填海計畫（即南星計畫近程計畫）」及「南星計畫中程計畫」，藉由圍築海堤減輕大林蒲舊部落受海水倒灌之衝擊，而圍堤內之區域亦可作為無害事業廢棄物及建築廢棄物堆填之用，解決高雄市各項建設所產生之建築廢棄物處理問題。

高雄市政府環境保護局，2019

不可停止新生地監測，填土土源不是爐渣、轉爐石就是灰渣，甚為不穩定，且監測打樁均在硬地堤岸，沒有平均分佈落實監測，務必繼續監測記錄沉陷速度。

陳玉西—金煙囪文化協進會代表
（高雄市政府環境保護局，2019）

第一節　前言

在不同時空、尺度的人對於高雄西南海岸，各有其描述。一方面發展計畫常與關於地形的論述生產與施工實作相互交織，這個過程牽涉到測量等科學實作；另一方面，在科學家與政府治理角度而言，會將自然視作朝單一向度發展的客體，將發展視作改善自然的唯一希望，但實際上可能忽視了自然其中複雜且多向度的可能性，反而是生活在此地的居民才會感知到論述與現實的差異。另外，從上述引文也可以看到自然其實也具有能動性，例如不按照發展規劃而發生下陷等。這些都指出，關於海岸社群的研究，一方面需要具有跨尺度、跨時空的視角，另一方面也必須將非人的因素納入來檢視。

除了雲林麥寮六輕工業區著名的填海造陸案例，臺灣另一個具爭議性的海岸開發例子即是高雄西南沿岸。如今，在當地已幾乎見不到原先的灘地地形，取而代之的是混凝土與鋼筋構成的港口與海埔地，此外也有經由海岸工程規劃，填築出來的新生地。不過有次報導人帶我攀越鐵皮圍牆，進入洲際貨櫃工程填海造陸：

我終究後來還是爬過去了，帶著忐忑的心情沿著鐵皮與鐵絲網走，鐵絲網後是沙地，上頭有小石子、碎木，也有一

些建築廢棄物、碎裂的混凝土塊、纜繩。進入洲際貨櫃中心新生地，一邊是灰黑的沙灘，旁邊海上有作業平臺的八座臺柱，但不見平臺本身的蹤跡；另一邊則是我腳踩的大片土地，有筆直的道路，路旁有排水溝，但再過去幾乎整片都是海埔地，土黃色的漫漫沙土，印有怪手鍊條狀車痕或大車大輪胎的車痕。幾處零星的建材，像是消波塊、磚石、鋼筋，還有各種器械如怪手、起重機等，全都堆置在新生地上。楊星哥說，「這些砂土是海底抽砂填海造陸而成的，要先靜置一段時間，就像南星計畫那邊也是這樣。」指著遠處較空曠的大片土地，有些黑色網子蓋在土上，連續並置著，如格紋衣服上的補釘，避免陣陣海風把新生地的沙土吹走。（田野筆記，20190301）

混雜著原先與人為加上的元素構成填海造陸新生地，沙土來自海底，透過機具抽砂被移置高雄西南海岸，藉由諸多人造物如鋼筋與消波塊，及怪手與起重機等機具，逐漸蔓生出來。上述田野場景，顯示了填海造陸海埔地被打造的過程片段。事實上，這並非當地唯一一個海岸工程案，戰後迄今高雄西南海岸地景已劇烈轉變，服務各時期的發展目的。

戰後不久，約莫 1940 年代末起，高雄西南海岸此一區域逐步被劃進高雄港港區的陸域與水域範圍，由高雄港務局管理，且有高雄縣政府、漁會與美援挹注，在 1953 年起政府實施第一期「四年經建計畫」，計劃改善沿海漁業基礎設施，例如搭建紅毛港漁船碼頭、標示桿與海堤等。但這時報章雜誌與水利研究報告指出當地經常遭遇暴雨與海嘯引起的氾濫，水利專家運用水利學研究海岸侵蝕的原因，

認為是高屏溪土砂來源的減少所致，政府也規劃興建海堤（馬澤春，1954：16-18）。

在 1956 年起行政院工業委員會研擬「高雄港十二年擴港計畫」，請美籍專家研究港區開發與提出報告書，來分析擴港與經濟發展的關係；並交由高雄港務局研擬擴港計畫。在省政府通過與美援機構同意計畫之下，擴港計畫包括到大林蒲都是計畫範圍。擴港計畫目的是挖出泥沙填築內海的淺水地區，以此獲得大量新生土地，用以供港阜、工業與漁業發展，透過疏浚航道、填築體地與建造碼頭岸壁，以及挖泥工作、電力線架設、岸壁及碼頭建築、測量與設計、工程管理、土地平整、魚塭徵收與補償來進行。填築新生地後新建道路、鐵路與水電設施，用以將海埔新生地提供給中油與台電等國營事業。在 1967 至 1975 年，進行第二港口開闢，工程單位除進行測量、海底地質鑽探與開闢，更有設置防波堤、航道疏浚、護岸與輪渡碼頭等設施。原先居民活動空間的稻田、蔗田、魚塭、建地、沙灘林地與水面，被轉變成只有建地、沙灘林地與水面等用途，部分魚塭此時被填築成土地，並建造岸壁來保護。第二港口開闢後所興建的南堤，使得南堤南段時常淤沙，於是政府計劃將土填到大林蒲外海，部分居民也轉用作養殖魚塭。

從 1980 年代起，臺灣港務走向民營化管理，原先的高雄港務局也在 2012 年轉變為高雄港務分公司。1980 年代末政府提出「南星計畫」，預計將在上述紅毛港、大林蒲與鳳鼻頭外海的填築土地上繼續進行填海造陸，以便減少大林蒲與鳳鼻頭遭受海水倒灌與颱風侵襲等，並同時作為建築廢棄物、焚化爐灰渣與中鋼爐石投放地。外界原先期待將南星計畫規劃成海岸森林公園，目前則規劃為自由貿易港區

與產業專區。南星計畫大幅度地改變了高雄西南海岸靠臺灣海峽一側的地景，原本的養殖等沿海漁業幾乎瓦解，政府於 2000 年左右興建鳳鼻頭漁港，將停泊在紅毛港、大林蒲與鳳鼻頭外海的船筏全數集中。爾後，洲際貨櫃中心計畫在陳水扁任內 2003 年左右「新十大建設計畫」提出，後來在 2007 年紅毛港遷村完成後至 2011 年止，在紅毛港原址完成了洲際貨櫃中心第一期計畫；第二期則是在 2012 年起，2017 年完成填築，預計興建新式貨櫃基地與石化油品儲運中心；第三期則會向南延伸，繼續填海造陸完成洲際三期計畫（簡德深、張欽森、劉宏道，2019）。

　　許多關於高雄西南海岸的研究聚焦在環境變遷下聚落各層面的社會變遷（楊玉姿、張守真，2008a），關於海岸的改變與使用則較少討論。臺灣西部海岸的環境與產業問題，近年逐漸受到城鄉發展、社會學及地理學等領域的關注（曾華璧，2006），但多從地方的抗爭及社會運動出發，或是與特定汙染相關的討論，但並未以不同的視角看待環境變遷與社會關係間複雜的關係。

　　臺灣人類學對於漁業與漁村的研究，過去已有對於漁業社會的漁撈技術、宗教生活、社會結構與象徵意義之間的關係與張力，有詳盡的描述（王崧興，1967；莊英章，1970）。其中莊英章（1981）描述了戰後國家的漁業政策對於在地的影響，描述了隨著國家對於沿岸硬體設施的建造，漁網與漁船也改變，不過他並未著重環境改變與社會間的關係。另外近年的漁業人類學，則注意到在地技藝的重要性（吳映青，2019），與環境鉅變後漁民如何結合國家治理機制發展漁業（劉如意、呂欣怡，2019）。在這些研究中，他們指出了漁民如何應對國家的介入，與國家對於漁業社群的治理，但對於其中重要的行動者

——「自然」的變動、建造或作用力並未著墨；雖然提到硬體設施的轉變與漁業實踐關係，但僅著重港口設施，且視為人類與政治經濟力量作用交織的節點，而忽略了其所處環境本身的活動。

在人類學的社群研究上，早先社群研究（Freedman, 1958；費孝通，1991）強調社群的地域性，及預設內部的同質性及社會各層面的緊密相連，從村落來探討更廣大而整體的漢人社會樣貌，忽略了在地人對於社群的想像及跨地域的關係（陳文德，2002：6-19），也預設了由小窺大的框架。晚近人類學反思社群研究的限制與可能性，注意到在地象徵層次對於社群形塑的重要性（呂玫鍰，2008、2016；林瑋嬪，2002），及跨地域與尺度的互動關係（黃應貴，2016；童元昭，2002）。此外，有研究者從國家對於社群打造與日常實踐的角度，來分析社群的生成，像是呂欣怡（2014）以宜蘭白米社區為例，指出社區概念引進臺灣的脈絡，及 1990 年代以降國家一系列社區打造的過程中，社區如何於在地實踐中被建構出來。張正衡（2016）則以日本慢慢村為田野，說明當代社區的意義必須從日常實踐，來掌握社區的本體所在，也指出了物的交換在社區打造的過程中扮演的角色。呂欣怡與張正衡對於社群的觀點提供本研究田野與分析上的啟發，尤其是藉由日常實踐來掌握社群本體的內容，而不預設特定地域為田野地，例如聚落範圍；此外也要看到國家治理對於社群形塑的重要性。不過，我將環境視為具能動性的行動者，治理代理人與當地人的實踐都與環境的作用相互牽連。

本書以高雄西南海岸為研究對象，討論戰後當地海岸所經歷的一連串變遷過程牽涉到哪些行動者，又海岸變遷對於在此地生活的人群及非人物種產生何種影響。我研究的海岸並非只是背景，藉由檔案研

究及分析民族誌材料，發現當地海岸人工化牽涉到複雜的動態過程，包括戰後臺灣的海岸治理知識及實作、發展主義、非人行動者的活動與活性、國家環境治理的各方協商，與人群的採捕作業等。在這個過程中，人群與物種的關係重構，人際關係及道德判斷也在與非人物種的互動中形塑出另類面貌。

在「海岸」一詞的使用上，在本研究具有三個面向的意涵。首先，主要指稱「海水與陸地的交界區域」，包括近濱區（包括潮間帶）、後濱區與高潮線以上的陸域，過往已有農漁業活動外，也是海、陸或氣等自然力量作用的空間。第二，我也用來指稱海岸工程學建構的「地形」，尤其是近半世紀以來發展計畫時常選定來開發的位址，如潮間帶、海埔地、填海造陸，經歷技術的施作形成的地形（這部分將在第二章說明）。第三，則是指稱自然作用力、技術、物質、論述、人與非人物種等元素形成的「異質網絡系統」（相關理論立場會在本章第三節詳述）。為避免概念定義上的混淆，本書在指涉「地形」與「異質網絡系統」時將補充說明，除此之外使用「海岸」一詞則泛指「海水與陸地的交界區域」的定義。

本書將統整檔案及民族誌材料，討論以下三個面向的問題，研究海岸變遷與社會關係間更加動態的過程。首先，我將以長時間的尺度來敘述「海岸的生命史」，將高雄西南海岸變遷放在臺灣西海岸海埔地開發脈絡，重新思考不同政治與經濟脈絡下臺灣海岸人工化過程的治理思維與作用，連結到哪些異質行動者，創造出發展計畫得以取用的海岸基礎設施。其次，說明高雄西南海岸基礎設施的打造牽涉到的知識動員，以及物質的不確定性使得海岸基礎設施的維持成為一種常態。海岸作為一基礎設施，其打造與維持所產生的治理效應如何影響

在地居民生活經驗，而居民如何參與在與國家海岸治理的協商中。第三，探討自然基礎設施內在的不確定性及海／陸韻律，成為跨物種社群寓居的位址，在這些場域中的採集實踐反映了在海岸工程及物質的不確定性當中的人群與物種間、人際間的關係，海岸基礎設施成為充滿道德評價的空間。藉由這三個面向的主題，把海岸地形的打造視作人、非人物種與自然作用力組織成基礎設施系統的過程，將它複雜活潑的變遷帶進對當地社會關係與沿海採集實踐的分析中，希望能拓展近年基礎設施研究與人類學的視野。

　　本章之後，第二節我會界定田野，及經由田野調查與檔案研究的交互思考，如何形塑出我的問題意識。其次，在第三節我將爬梳臺灣西海岸社會科學的相關研究，並以近年基礎設施對於人類學與自然的討論，指出上述研究對於我的田野工作、分析及書寫取徑的啟發。最後，在第四節說明本書的定位、方法論與章節編排，說明各章的主題及主要材料來源。

第二節　問題意識與田野

　　小時候曾與家人每逢週末就住在大林蒲的經驗，是這本書誕生的主要原因。1990 年代及翻越過去後的千禧年，那段時日每週就會有一天跟大林蒲有關，記憶規律的頻率吸引我想要了解他們，寫出關於這個地方的故事。印象中，這裡離海很近，從外婆家出發，踩著一早 4、5 點灰藍色的晨光，媽媽會帶我們家幾個孩子走到南星計畫，黑色細砂與漲潮的海組合成有如兩個世界的砂畫構圖，在沙灘上有漂流木，也有手指寬度大的小洞，招潮蟹就躲在那裡。有時候我們也走到紅毛港聚落，比起大林蒲，紅毛港的房子低矮許多，小巷子蜿蜒，像

個迷宮。外公幾乎每天都會來這邊，出海捕魚，也難怪外婆家有這麼多珊瑚礁標本。總之，印象中是個離海很近的村莊。2004 年左右紅毛港遷村，電視上都大幅報導了一陣子，外婆家在大林蒲，但早先也曾住在紅毛港海原里，遷村後親戚們都很懷念。

上研究所後，我決定以紅毛港作為論文的田野，在 2017 年的寒假做了田野可行性調查。不過當時還不是很確定要以紅毛港居民還是紅毛港這個地方為對象，研究問題初步訂為「紅毛港居民遷村後生活的轉變」，並先去了大林蒲一趟，而不是遷村地的中安路附近，因為我知道大林蒲也有許多紅毛港遷村前後搬遷過去的居民。當時我不僅認識了以前的紅毛港居民，也有大林蒲的居民，且主要是地方政治人物或是近幾年因為遷村或空汙議題，常在網路上張貼訊息，外來媒體採訪的當地人。在訪談過程中，他們多次提到二港口的「剖港」[1]，還有第六貨櫃中心及南星計畫的填海造陸，使得以前日常的捕魚生活不再。我訝異於他們的描述與我十多年前在此地生活經驗的差異，心中有著一絲困惑：「這裡不是離海很近嗎？」

2017 年的在學期間，我在圖書館與資料庫，查詢關於這一帶的歷史。不僅找了後人的二手研究，也從一手的史料間，慢慢爬梳這個地方從戰後至今的變化，終於有了比較清楚的圖像。從檔案研究中，發現高雄西南海岸從戰後至今海岸線發生劇烈的改變，且牽涉到複雜的政治經濟脈絡，因此我調整方向，以「高雄西南海岸的變遷為背景，考察當地居民生活各方面的轉變」為當時問題意識。2017 年暑假我再次拜訪及聯絡寒假認識的報導人，並在 2018 年寒假與暑假做論文田野，共計約三個月。在與他們的接觸中，我開始意識到把海岸僅

1　當地人對高雄港第二港口開闢的俗稱。

只當作「背景」的思考盲點，並再次調整問題意識：海岸「地形」可能作為「系統網絡」，不僅它的「建造」牽涉到各尺度行動者間複雜的互動，有國家治理的知識動員、物質實作、非人物種與社群實踐等，縱使在它建立後的現在及未來，各行動者都不斷交織協商，而居民的想像與採集實踐也一再被重塑。在 2019 年寒假與暑假，我以這樣的問題意識出發，做了短暫的田野研究。這次繞過里長、常為在地議題發聲的在地公眾人物等，直接去到海岸工程相關的空間場域，像是填海造陸後的土地、鳳鼻頭漁港、廢棄的港口岸壁、環評會議，報導人有些是遭資遣的中老年捕魚男性、環境工程學者、負責那一帶填海造陸計畫的機關人員，或抗議填海造陸的在地居民等。期間也著重在當地人日常的採集實踐，理解到人們日常生活如何在海岸變遷中與物種共同交織，形塑彼此的社會關係與地方感。

歸納上述隨田野工作演變的問題意識，我預計在本研究處理的問題是：海岸人工化連結到哪些不同尺度的行動者？彼此如何協商與動員？在人工海岸，是否仍可能是有生機的位址，在此居民與非人物種如何共同生活與建立關係？

關於本書的田野，是我界定出的「高雄西南海岸」（圖 1-1），主要是圍繞著海埔地展開，而非特定的聚落。因為在這個範圍內有不同時期治理脈絡下的海岸工程，且國家也不斷在當地進行海埔地的建立、維護與監測等相關實作，因此以海岸為單位，較能關注海岸工程如何打造海埔地。這個範圍內有不同時期的海岸基礎設施，像是高雄港十二年擴建計畫工程、第二港口、南星計畫、鳳鼻頭漁港與洲際貨櫃中心工程，另外周邊也有沿海六里[2]，像是大林蒲、邦坑與鳳鼻頭等

2　根據高雄市民政局 2020 年 2 月底人口統計，沿海六里人口數 19,937 人。

圖 1-1　高雄西南海岸衛星空拍圖
資料來源：底圖為內政部國土測繪中心，作者套疊重製。

聚落。我會以海岸工程作為空間單位，而非高雄港與特定的聚落，是
為了避免落入高雄港史框架、或社區之於國家的尺度預設。此外，這
幾個海岸工程圍繞著大林蒲、鳳鼻頭等聚落，我也能夠藉由居民對於
海岸的使用與看法的轉變，來獲得海岸工程在日常生活方面的材料。

　　在時間上，我以戰後為主，因為臺灣西海岸主要是在 1950 年代
才引進海岸工程與施作，雖然日治時期已經有小範圍堤防、海埔地等
作業，但當時尚未系統性地研究分析海岸，未考量自然與社會等元素
如何運作；此外，相關海岸治理機構、法規、技術也主要是戰後才引
進臺灣。而在場域與對象上，由於我以人工化的海岸地形為對象，所
以不限於特定尺度的人，例如聚落居民，而是包含海岸工程專家、
非當地聚落的漁民等；且也不限於人，也包含其他異質行動者，例如

泥沙、魚、科學報告等。因為對象涉及跨尺度的行動者，所以場域不只物理上的聚落，而包括海埔新生地生成的物理空間、環評會議、漁港、居民家中等。在海埔地打造的過程中，這些不同尺度異質行動者的實踐交織，像是海埔地工程施作、漁業採集與分配、參與海岸工程相關說明會與環評會議、漂沙的運行等，藉此我探討他們在海陸之際如何互動與寓居。

以下回顧相關的文獻，作為本書的分析與書寫指引。

第三節　文獻回顧

本節會先針對目前為止高雄西南海岸及臺灣西海岸相關社會科學研究進行回顧，梳理過往研究如何理解及分析環境變遷、國家治理與在地社會間的關係。接著我會分別回顧基礎設施的人類學、基礎設施取徑分析自然的相關討論，指出其觀點能提供上述課題另類視角，更加動態地看待環境、國家與在地間關係，這也是本書預計採取的分析視角。

一、高雄西南海岸相關研究

1980 年代起，關於高雄西南海岸聚落的報導開始出現在媒體上，主要以紀實文學或攝影的形式為主，報導當地的居住、衛生或汙染等問題，當時文章多刊載在《人間》、《八十年代》、《新臺灣》或《前進週刊》等雜誌。著者並未以特定的理論立場出發，端就所見寫出「人道」立場的抒情散文，並常呼籲政府有關單位重視該地的社會問題作為文章結尾。

　　90 年代後，出現對聚落史、漁業史的研究成果。以吳連賞（1998）、楊鴻嘉（1997、1998a、1998b、1998c、1998d）等人的研究為主，前者採取人文地理學對於空間分析的立場，分析人與環境間的交互影響。除了留下具體且豐富的空間調查資料，也指出環境的改變促成了當地社會的變遷。楊鴻嘉則是研究紅毛港一帶的漁業發展，記錄下當地漁業的漁法、技術、勞動或漁船種類等資訊，也指出附近環境隨工業區設立而改變，使得漁業沒落。

　　2000 年後，隨著紅毛港遷村的實際執行及安置，以及大林蒲等地汙染與遷村計畫，開始有研究當地的民俗及文史學者，希望記錄社會各層面的面貌（李億勳，2006；楊玉姿、張守真，2008a）。他們大多延續 90 年代對於當地的研究及分析取徑，以空間或環境／社會為主要切入點。此外，也開始有分析國家治理的研究出現，圍繞著紅毛港遷村計畫或南星計畫等爭議，分析國家治理地方為何失敗，及國家治理的效應如何影響居民的感知（王嘉麟，2002；林廖嘉宏、吳賞，2014；鄭力軒、陳維展，2014；黃瑋隆，2015）。其中黃瑋隆的論文分析南星計畫，以環境正義的觀點指出高雄西南海岸填海造陸工程對於當地社區的影響，與居民如何回應與抵抗此一過程。他指出南星填海造陸讓工業生產剩餘的環境惡物堆置在海岸線及海埔地，而制度上居民的聲音被排出消音，近年來以音樂季等方式來表達反開發的聲音，結論指出居民被排拒在決策過程之外，產生了環境不正義的結果。該論文發現了海埔地作為研究對象的潛力，透過人工海岸工程來理解國家的治理困境。

　　除了上述以社區的角度切入，還有另一類研究成果，即對於海岸環境變遷的研究。這部分通常以特定工程為例，例如高雄港十二年擴

建計畫、南星計畫與洲際貨櫃中心工程等，在海岸工程學或港口研究相關領域中已有許多討論。但大多以對環境生態的數據評估，或者港口優化對商業及城市發展的效益為主要考量，對於周圍社區甚至建造過程的社會文化面向則較少著墨。

綜上所述，過往高雄西南海岸的研究已經注意到海岸環境變化與當地社會變遷的關係，也指出高雄西南海岸與高雄港周圍逐漸填築海埔地，一方面導致了當地社會各層面的劇烈轉變，另一方面人工化海岸也作為爭議的節點，在決策過程中的不義讓居民有不信任感。上述研究注意到海岸人工化對社區生活的影響，及國家與地方在政府決策中權力的不平等，但大致上並未細緻梳理環境、國家與在地社會間更加動態且共構的關係。本研究即從這個學術研究缺口出發，接下來分別爬梳三個面向的文獻，說明本書的分析取徑。

首先，我會先回顧臺灣西海岸的社會科學研究，一方面將研究單位放在「海岸」如海埔地、濕地或潮間帶，而非港口、漁村或漁港等，能更全面地考察自然與社會關係，另一方面近年人類學、社會學、地理學或城鄉研究對於臺灣濕地、潮間帶、港口設施的討論，將高雄西南海岸放在臺灣西海岸開發脈絡來理解。第二部分將會回顧基礎設施的人類學研究，以「關係性」的角度分析過往被視為固態、不被注意到的基礎設施，及物質、政治、意圖、自然與社會間複雜的關係，有助於本書釐清主要的分析視角。而接續前一部分的討論，最後我也會聚焦在「自然」作為基礎設施的文獻，探討國家治理如何將自然轉化成能為特定發展目提供服務的建成環境，及在「地形」的形成與維持的過程中各方認識論、論述與物質等面向如何互動的討論，由此探討高雄西南海岸的轉變與國家、在地居民、非人社群間更加動態

的關係。

二、臺灣西海岸相關社會科學研究

　　關於海岸地形的研究，向來是自然科學研究的課題，諸如氣象、海流、土壤、植被等，社會科學對於海岸的研究，大多將焦點置於漁村、漁港或港口，探討地方的全貌、漁業與現代化的改變。但是臺灣海岸在戰後經歷了劇烈的轉變，無法僅以漁村、漁港或港口等人為設施的節點作為研究單位，也無法將海岸變化視為社會生活的背景，而必須從其他研究單位切入，放到各時期發展主義、工業化與國家治理的脈絡來理解。

　　戰後以降，從 1960 年代初直到 1990 年代，對於臺灣西海岸的研究，在國家發展主義的脈絡下，「海埔地」作為研究對象逐漸浮現。以地理學、海岸工程學、地政領域的研究為主，探討海埔地的經濟價值、開發效益、改善當地居民的生計等，是這時期研究海埔地的目的（張劲曾，1962b，1970b；湯麟武，1962a；鄭天章，1971、1981；魏仰賢，1972；石再添，1980；段章甫，1990）。張劲曾（1962a）與康乃恭（1962）等人將臺灣海埔地的地形、水文、海流、氣象等做一詳實的研究，並依據特定的海埔地「特性」，將臺灣西部海埔地大致分區，分為北部、臺中、彰化、雲林、嘉義、臺南與南部海埔地。

　　在 1990 年代後，隨著環境意識及行動的高漲，「濕地」成為研究環境意識、空間生產、各尺度人類行動者競逐與協商的節點（梁世興，1997；潘翰聲，1997；羅志誠，1999，2001；曾華璧，2006）；「潮間帶」作為研究海岸的單位，也在近年綠色治理的風潮下，成為不同尺度的異質行動者與論述爭奪的場域（Hung, 2020）。濕地與上

述海埔地開發不無關係；事實上，受到環保運動者、國家技術官僚或研究者關注的濕地，大多是 1960 年代的海埔地規劃的區域，隨著開發功能的轉變，這些海埔地成為國家資本與工業試圖取用的位址，但 1980 年代起環境保護的意識提升，濕地生態、遊憩與非人物種也成為環境運動者與中產階級所崇尚並藉此與國家或大型資本的企業抗爭的切入點（曾華璧，2006）。

臺灣西海岸的研究中，部分的研究者以不同的海岸功能分期切入，探討各方行動者如何看待與論述，在相互協商中生產出特定的空間，藉以處理海岸的空間生產以及資本主義空間積累的課題。潘翰聲（1997）以臺南七股濕地為例，探討國家政策與地方政府企圖將七股濕地納入全球資本的網絡，將七輕建立在該地。但地方漁民雜揉台江內海的象徵意義與黑面琵鷺等物種，透過結合濕地環保團體與受工業汙染的附近居民，提出以生態與休閒漁業為主的地方發展想像。雙方對於濕地空間賦予不同意義，採取不同的空間實踐，也結合不同的行動者來競逐濕地空間的詮釋。同樣是研究七股濕地反七輕的抗爭，曾華璧（2006）則指出在開發政策的轉變下，作為濕地的部分海埔地從農漁業用地轉變成工業區，但在當時全球環境思想的浪潮下，使海埔地免於被開發，連帶影響政府須調整其海埔地開發政策。

此外，也有針對海岸的認識論與各行動者的聯盟、或知識與專家動員為分析取徑，考察特定自然地形如何成為特定發展與治理自然的方式。羅志誠（1999）透過考察六輕填海造陸過程中，各行動者（尤其六輕）如何轉譯專業知識與利益，使得其結盟網絡加長與鞏固；而在這個過程中，「技術」作為重要行動者，也產生政治合法性與權威。透過作者的分析，得知雲林沿海的土地、空間地景的形成，在不同階

段有不同的主要行動者，以其技術改變空間地景與用途。例如該文將填海造陸放在更大的時空脈絡中，像是海岸的自然淤積，將濁水溪視為具有能動性的非人行動者。此外隨著戰後的土地開發的演變，填海造陸的管理也逐漸從較高層級的中央，逐漸到省，最後降到縣政府，位在不同層級的政府也扮演不同角色。就理論而言，該研究揭示技術如何賦予專業人員權威，而包含政治與社會各層面的議題如何被簡化成技術問題，並經由技術承諾、技術性問題的建構，與技術操作的分工等過程，將填海造陸技術的論述合理化。簡言之，該文不僅注意到各尺度人類行動者的互動，也注意到非人行動者的河流、知識、論述與土地的能動性，並說明技術知識與政治的交纏。李涵茹、王志弘（2016）以臺北都會區的水岸濕地為例，從認識自然的框架著手，檢視不同認識論框架如何與各種異質行動者結盟，以關係性的角度看待濕地作為異質網絡的形塑。它同樣指出不同的濕地治理網絡中非人行動者的能動性，使得人類必須回應其存在。

　　此外，也有研究以關係性的角度，嘗試理解特定海岸地形作為異質行動者共構的自然。羅皓群（2017）以臺南台江魚塭作為「社會自然」的轉型為例，指出魚塭組件在不同階段連結到不同區域尺度治理的影響，不同思維與行動者相互競逐對於魚塭的想像，近年來隨著要滿足中產階級的想像而產生的遊憩化，也讓魚塭逐漸失去其生態韌性，在地居民與水的關係漸遠。魚塭作為社會自然組件，其邊界並非固定，時有行動者解離或穿梭往來，且與當時社會網絡連結而發揮其作用。Hung（2020：56-77）則以彰化離岸風電設置所在的潮間帶為例，指出過往作為自然保育的白海豚與養殖牡蠣的棲地，與近年發展綠能論述下的離岸風電廠位址高度重疊。離岸風電綠能、牡蠣養殖與白海豚的生態保育等意義，不斷在潮間帶空間中協商，由此可見綠能

論述與其他空間中的人與非人要素交纏，藉由異質行動者非線性連結打造出地方，不斷重新界定潮間帶地景與鄰近水域的意義。

綜上所述，近年臺灣西海岸的社會科學研究，已經注意到特定海岸地形的形成牽涉到空間生產與地方打造，並非作為社會施作的背景，而是與不同尺度的治理者與行動者之間協商出的結果。但這些研究多採取 1980 年代以降跨學科試圖將環境價值指認為自然資本，在概念上將自然重新理解成市場機制中的另類選項（Carse, 2012：542）的視角，不過對於海岸「本體」網絡建立的「過程」較少著墨，忽略不同時期與區域脈絡下海岸地形打造過程的差異，及這些差異實際上影響到海岸「如何」成為治理對象的過程。此外，上述研究多從各方對於海岸的論述出發，對於海岸的物質面向的討論與工程物質實作則較少討論。針對海岸打造的「過程」與「物質」面向，下面兩小節將透過基礎設施人類學與自然本體的相關討論，進一步說明。

三、基礎設施人類學

基礎設施人類學近年的討論，對於本書理解國家如何經由特定技術物的打造來進行治理，提供諸多概念上的啟發。例如基礎設施的建造、維持與崩毀牽涉到哪些行動者與專家知識，且它的運作產生出何種特定的政治結果（Latour, 2005; Mitchell, 2002）。

近年社會科學對於基礎設施定義的討論，認為它不單指非人的物質硬體，而應當被界定為促成另一物運動的物（Larkin, 2013）。在此，基礎設施的「物」（thing）可以是物本身，但這個物本身也是在網絡關係的一部分，因此基礎設施也可以指稱物之間的關係。技術本身因為被放入系統（system）中，因此得以連結到不同的物，例

如建成物（built thing）、知識物（knowledge thing）與人物（person thing）。而把基礎設施當成「系統」來看待，可以追溯自 Hughes（1987）對於「大型技術系統」（large technological systems）的討論。他認為像電力、水利基礎設施這種大型技術系統，剛開始時都是從小而獨立的技術，對於技術標準各有多樣化的需求與程序。但當技術系統變成要去主宰其他系統，或者獨立的系統聚合進網絡時，它就成為了基礎設施，是由技術、管理、金融等各種技術系統所組成的異質網絡。Hughes 的討論將系統而非技術作為研究焦點，更能凸顯如控股公司或會計實作等非技術的系統共同組成基礎設施網絡的重要性。此外，他也指出「系統建立」（system building），技術系統起初是適應某地的政治、生態、文化、法律的狀況而發展，有其特定脈絡，但當它轉變成基礎設施網絡時，它必須適應其他的情境、技術標準或法律規範等，並制定出轉譯與適應的技術。亦即，技術系統的延展需要技術、金融或管理上的轉譯，而轉譯也是「系統建立」本身的一環。Hughes 與 Larkin 對於大型技術系統建立過程、在本體論上對基礎設施網絡的異質性的討論，啟發了後續基礎設施人類學研究。例如 Anand（2017）以孟買的水利基礎設施為例，指出孟買的水利公共設施經由管線、鉛管工、在地居民社會關係、地方恩庇侍從（patronage-clientele）體系得以將水輸運到孟買各地，因此社會網絡與專家知識也是基礎設施網絡的一部分。

Howe 等人（2016）則指出其實基礎設施內在也存在矛盾，會生成毀壞、翻新與危機。基礎設施的「毀壞」（ruin）使得一般功能順暢時不可見的基礎設施得以可見，同時質疑了 20 世紀上半葉發展主義預設基礎設施能夠不斷運轉的想像，也可能對社會產生負面效應，例如加深了社會既有的不平等。但 Howe 認為，比起將毀壞視為「基礎

設施的目的遭到破壞才出現」的狀態，它更趨近於「鑲嵌在基礎設施網絡本身」的狀態。基礎設施的翻新（retrofit）則是指涉不斷維修來讓基礎設施不崩壞、或符合新的發展需求的方式，也無可避免地牽涉到時間性的課題。因為基礎設施帶有朝向未來的傾向，在物質與象徵層次上建立起一種穩固的狀態，不斷朝未來存續，但是基礎設施實際上可能比計畫假定來得脆弱，因此翻新是維持基礎設施能朝向未來發展的時間性作業。但實際上翻新牽涉到將過去、現在與未來連結起來的實作，它企圖在「過去」已建立的基礎設施上，透過「現在」的作業來建立能夠朝「未來」持續延展的基礎設施，人類技術施作在當下建成的基礎設施，使其鞏固與持久。但基礎設施因物質不穩定性、氣候變遷等原因產生的脆弱性而終止，又會動搖人類意圖所賦予基礎設施能朝未來恆久存續的時間性。此外，最初目的是為了設計來舒緩某危機的基礎建設，可能也會產生意想不到的新的危機（risk），可見人類意圖賦予的功能與實際效果之間並非單向決定的過程。

從 Hughes（1987）、Larkin（2013）到 Howe 等人（2016）對於基礎設施是什麼的討論，幫助本書重新思考基礎設施的定義與如何產生作用。將基礎設施視為「網絡」，連結起各種異質行動者，它的狀態並非線性且恆久的狀態，因為網絡內在的不確定性使得它處在毀壞或維持的動態過程。本書研究的高雄西南海岸也經多種基礎設施的纏繞組成，漁港設施、護岸工程、第二港口開闢計畫、洋流與海底地形探測、南星計畫填海造陸、第六貨櫃中心計畫、洲際貨櫃中心計畫與鳳鼻頭漁港等一連串海岸人工化工程，技術與物質的實踐施作在海陸之際的空間，且包括下水道、汙水、電力與道路工程，技術人員與在地包商工人在特定時間流動往來於此。此外，海岸工程計畫也連結到美援、審計（audit）與自由貿易港區計畫。尤其填海造陸、海堤、道

路與土地，反覆地施作在當下的海岸地形上，維持發展計畫建造海埔地的目的。但目前部分既有的海堤與港口，卻呈現衰敗，不如原先設計的預計效果，但卻成為其他非正式社會活動與物種匯集之地。

此外，近年對於基礎設施與社群間的關係，也比過去更加靈活地看待彼此的互動。Harvey、Jensen 與 Morita（2017a）就指出，必須要有新的倫理與政治視野來考察偶然且生成中的基礎設施。基礎設施與社群形塑是處於回歸關係（recursive relation），基礎設施是異質元素偶然構成的叢集，異質行動者交互纏繞產生無法預期的效果，會回過頭作用在社會（同上引：5）。這種觀點打破過去將基礎設施視為被動、由政治或經濟所決定的對象，或將技術與社會視為二分、先驗的領域。基礎設施與社會間的關係應視作持續生成、偶然的過程，人類意圖不能決定基礎設施、也無法釐清意圖與結果間直接的因果關聯。

在近年學術界基礎設施轉向興起以前，Foucault 關於治理術的討論中，即點出了國家經由管理領土、貨物與資源，從而達成管理那些仰賴上述資源生活的人民，形成了生命政治（Foucault, 1991），並指出治理術「物質」面向的重要性。他針對國家治理地方，已從論述等面向說明治理術如何施作在自然、領土與人口，但 20 世紀福利國家、發展主義轉變到去中心化的國家治理與政經結構調整，已顯露出治理也會變得具破壞性（Bourgois, 2009），甚至將被治理方拋棄在治理之外。Anand（2017）在孟買的民族誌也提出類似的提問，探討特定技術的物質性是否牽涉到不同的治理形式。因此除像傅柯（Foucault and Senellart, 2008）從論述來探討治理如何將權力作用於肉身與人口上來達成治理目的，從物質或基礎設施的觀點分析也是探討當今國家治理如何運作的另一取徑。

　　例如 Harvey（2015）的道路民族誌，以南美的兩條道路基礎設施，來說明基礎設施的物質實踐與政治的形塑有著密不可分的關係。專家知識本身並非外在於社會之外、可直接運用在建設計畫，而是與當地情境相互協商出來。且專家知識也具有劃界能力，透過物質實踐，將技術與政治、公與私分離開來，也將開放空間轉化成公共空間。但這個界線也具有限制，處於不斷地競逐與協商，使得建設計畫周圍社群對於計畫產生八卦與不信任。這種圍繞著專家知識的不信任，也影響到社群對於基礎設施承諾的認知，小道消息及腐敗（corruption）充斥在居民日常言談中。

　　上述從物質、基礎設施網絡與空間的角度探討國家治理效應的研究文獻中，卻鮮少有探討微觀尺度的社會關係、暴力、國家與地方的關係。近年都市民族誌啟發了本研究了解治理在微觀尺度如何運作的視野。Herzfeld（2009）探討羅馬縉紳化過程中，國家與居民間具有文化親密性，形成共謀網絡，挑戰一般認為國家是依照一套完整法規治理的形象，也細緻描述彼此間充滿暴力、不確定性但卻熟悉的關係。而 Han（2012）關於智利貧民窟的民族誌則指出邊緣社群在國家政經結構轉型的脈絡下，彼此的社會關係如何互動。她分別透過家屋的新建、修復與裝潢以及物的給予，探討親戚關係、鄰里關係、朋友關係，藉此說明對於未來的朝不保夕使他們實踐出如何照顧認識的親戚與朋友或熟悉但不認識的鄰居，以及當行為溢出這個範圍外所產生的道德批判與耳語。雖然 Herzfeld 與 Han 並非基礎設施的研究，但他們都借用物質面向的討論（例如家屋）來連結大尺度的政經力量如何影響微觀尺度的居民生活，以及蔓延出治理暴力、照顧與文化親密性的面向。這些連結了廣大政治經濟變遷與社區鄰里等尺度的嘗試，具有厚實基礎設施人類學的可能性。

綜合上述對基礎設施網絡與治理形式之間的討論，提供本研究理解高雄西南沿岸變遷不同視角。基礎設施影響了微觀尺度社會關係與道德評判，不僅與國家治理思維的轉變有關，它也與基礎設施的物質實踐、專家知識、空間生產交織。專家知識企圖掩蓋自身情境式、即興的實踐，並透過物質實踐達成劃界（例如公與私、開放與公共、技術與政治）、空間生產的效果，但處在這之中的不確定性與不可進用性，也影響在地社群與鄰里、親人與朋友的關係與互動，這部分會在本書第三、四章民族誌有更詳實的說明。在下一小節我將延續本節對於基礎設施的相關觀點，進一步探討近年社會科學對「自然」概念的討論，深化本書分析海岸的視角。

四、作為基礎設施的「自然」

關於自然與人類活動的關係，在近年的社會科學研究中有不同的切入觀點。本節首先會列出近年研究自然及非人物種的兩種理論取徑：技術自然與基礎設施，闡明本書為何以基礎設施為主作為分析工具；並藉由自然多樣「本體」（ontology）的形塑、水／陸認識論、基礎設施的作業（infrastructural work）等探討基礎設施與自然關係的諸多研究，具體說明基礎設施視角對於本書研究高雄西南海岸的啟發。

要如何理解自然越來越鑲嵌在人類社會生活世界？近年社會科學研究大多採取不預設社會與自然二分的界線，彼此共構成網絡。在地理學領域提出的「技術自然」（technonature）概念，這也是近來在人類世、奈米技術、生命科學及全球氣候變遷影響下，人文、社會科學與自然科學領域常用的概念。地理學者 Wilbert 與社會學者 White（2009：1-30）在《技術自然》（*Technonatures: Environments,*

Technologies, Spaces and Places in the Twenty-First Century）指出在上述情況下，人們越發感覺到社會、技術與自然相互地再製（maked）與重製（remade），且如同 Latour（2004）提出的「自然的政治」（the politics of nature），自然、技術與社會交織的過程已逐漸地政治化，環境的議題游移進政治宇域中，這也反映在 20 世紀末的綠色社會運動浪潮中。而「有機／人造」、「人／動物、機械」與「自然／技術」等二元對立框架已難以持續，在政治場域中也不再受歡迎，從而人們越益意識到自身與生命的技術自然形式（technonatural forms of life）間相互協商（Wilbert and White, 2009: 4）。

「技術自然」有著多樣的學術系譜，其中重要的是源自文化研究學者 Raymond Williams 及環境史家 William Cronon 的看法，他們認為社會力量確實在地景與環境的構成中扮演重要角色，而無法清晰區分所謂純粹、真實與理想的自然。此外像是 Ulrich Beck 的「自然的人性化」（humanization of nature），及 Thomas Hughes 的「人類建成世界」（human built world），都嘗試理解現代社會人類影響自然的程度與範圍。而之所以強調「技術自然」一詞，則是認為人類不僅棲息於多樣的社會自然，且在此社會自然中關於世界的知識越益由技術所中介、生產、促成與競逐。甚至人們感覺自身與物交纏（entangled），即與技術、文化、城市與生態的網絡、多樣混種物質與非人能動性交織在一起（同上引：6）。「技術自然」不同於只是考察交織著的社會與自然如何以各自方式產生各種結果，而是將各種非人行動者視為共同塑造人類生活世界的活躍搭檔。

此外，在當今全球資本主義的發展下，「技術自然」也適合用來探討全球政治經濟過程中的環境結果，尤其探討當代的「創造性破

壞」（creative destruction）在資本主義的生產中，不斷地運作與再運作的過程所生成的「自然」。因此有必要發展所謂技術自然的政治經濟學（technonatural political economy）。這種技術自然的狀態並不是一種帶有進步史觀的分期概念，而是一種社會性質，因為人類歷史本身就與各種非人能動性歷史交織在一塊，不同人群以各種形式捲入與纏繞在複雜的技術、生態與社會的網絡中。技術自然的政治經濟學不僅注意到人類交纏在物質、技術與資訊網絡，自然與身體內在運作的轉變越來越與資本積累及技術科學（technoscience）密不可分（White and Wilbert, 2009: 10）。

　　就本體論而言，技術自然的相關討論也有別於古典社會科學的典範，後者常常強調自然是可以被拯救的客體，或者從另一端來看待自然，強調它有無窮的資源。因此近來如 Gilles Deleuze 或行動者網絡理論的 Latour 等人，都提出政治生態學應掌握到人類的社會—生態世界實際上是由人與非人、生態體系、物質與非物質裝置與技術物等行動者所製造出來。他們除了認可人類具能動性，也承認非人的能動性，因此社會—生態世界不是社會建構物，而是一種物質論的共構（co-constructed）。此外這種本體論的取徑，也並非將實在（reality）當作社會分類投射其上的平坦表面，而是實在與象徵（symbol）兩者間處於動態或緊張的狀態，這種對本體論的反思，承認了物（object）內在具有頑強性質、反抗社會賦予的象徵的可能性（同上引：11）。

　　人類學領域也有借用技術自然作為分析取徑的研究，如 Bear（2015）以印度西孟加拉邦的胡格利河為田野，研究印度國債從政治控制的財政到自由化後的金融市場體系，在此新自由主義下的樽節政策，河流的官員、工人與企業家如何經由河流的基礎設施與韻律，

來理解與操控樽節政策。因為在樽節政策影響下，胡格利河的基礎設施破敗，如泥沙淤積卻無挖泥船清理，導致水上作業的風險；又如原先由政府僱用的工人，因為樽節與自由化而開始出現私人船務公司進駐，導致他們失業的處境。但在這樣的「基礎設施失敗」的情況下，胡格利河的生產力仍然高，因此作者想了解在不穩定卻具生產力的水景中，人們如何在其中獲利與生活。Bear 的主要切入點，即是延續近來將都市環境與水景視作「技術自然」此一形式的討論，並試圖理解樽節政策所造成的公共基礎設施的轉變。在此，基礎設施產生不只物質性的結果，也有政治與倫理意義上的結果，人、政府、企業、政策、物質等種種公開活動，提供當地人了解樽節影響下生活與物質、倫理與政治的鑲嵌過程。特別的是，她也試圖從水作為水景（waterscape）與河流（river），分別探討水的感官經驗（飲水、沉浸、漲退潮韻律），這些感官經驗作為再生產、生死、時間與空間等隱喻媒介，影響了人們自我認識與生活世界的生成。

技術自然理論指出非人行動者的能動性，認為自然是人與非人共同發揮作用形構而成，及資本主義下不斷藉由生產技術，將自然轉換成可取用的環境資本。然而，關於如何生產自然的目的、各行動者如何組合，則未細緻著墨；對於自然本體的多樣性及其生成的歷史脈絡，也較為扁平。如上述 Bear 的研究，是將人造物而非河流本身視為基礎設施。

以基礎設施作為分析自然的視角，則對於自然本體及其中元素如何組合與功能，提出較動態的視角，這在 Carse（2012、2014、2016）一系列論著中有清楚地闡明。他以基礎設施視角重新理解自然，透過維持巴拿馬運河運作的森林管理與河流流域中的農人活動，說明運河

河水的社會─政治作業，指出非人環境並不是在人類世界之外，而是已被人類活動所改變。首先，針對基礎設施的概念，他認為並非指涉某種人造物，而是關係建立的過程（process of relationship-building）（Carse, 2012: 556）。其次，「自然」作為基礎設施，其元素被反覆改變、投資與管理，使其具有「功能」來提供人類所需的服務，而藉由人類的「作業」（work），自然通常以鋼鐵與混凝土構成的組裝顯現出來、成為了基礎設施，而人類政治與價值也鑲嵌在地景上。因此，以基礎設施來研究自然時，重點並非放在個別元素的特性，而是研究基礎設施作業（infrastructural work），亦即物質、技術、治理、行政管理等組織性技術（organizational techniques）如何藉由將元素相互連結，形成從屬的系統（subordinate system），得以提供功能，支持並服務於人類目的。再者，地形（landform）近年也成為研究自然基礎設施的主題，一方面地形是由人類控制之外的過程所形塑（例如自然作用力），另一方面又作為行動者尋求將服務最佳化時用以管理與投資的位址（同上引：554），指出地形具有不受人類意圖決定的自然性。最後，基礎設施取徑比起其他對於技術系統的討論，概念框架上較不具等級體系（hierarchical），不認為有單一系統建立者的意圖能單向地建立起技術系統，而是認為基礎設施的生成、維持與失敗都牽涉到那些伴隨基礎設施生長的多樣社群的實踐。就如同作者研究巴拿馬運河的森林管理，不僅關注工程規劃者與環境專家企圖打造出所謂「流域」的物質實作，也探討所謂「在地」社群對於將森林轉化成能提供保護穩定水源服務的農業活動。

　　人類學關於本體論轉向的討論（van Der Veen, 2014; Alberti and Bray, 2009），也指出西方式本體論將文化與自然二分的方式，有其特殊時空背景，因而部分學者認為要採取一種關係性的本體論，不應武

斷地將人與物二分。他們也從關係性的角度分析能動性，指出物的能動性不一定源自於社會，物本身也不一定就具有能動性，而應該將能動性視為關係性的結果，不同元素的連結與交纏產生能動性。人類學對於本體論轉向的討論，提供了「異質元素的交纏會形塑出本體」的觀點。

　　人類學、地理學等領域，也有學者以 ANT 觀點的「本體論的政治」（ontological politics）（Mol, 1999: 74-89）為主題，分析相互競逐的基礎設施化形式如何生產出多樣的實在（Morita, 2016; Morita and Jensen, 2017; Steinberg and Peters, 2015）。他們藉由基礎設施取徑，探討不同認識論、物質、治理技術等如何鑲嵌共構成自然本體，又或者不同系統的基礎設施打造出的自然本體如何相互衝突，他們大多都抱持所謂「地形」並非先驗地作為客體被研究或被管理。在 Morita 與 Jensen（2017）的文章中，探討了三角洲的本體論，三角洲是介於海與陸地的地方，它本身是中介狀態。他們以泰國昭披耶河三角洲為例，透過研究基礎設施的轉變與認識論的傾向，可以了解三角洲本體論的特色。該文分析西方與東南亞兩種對於三角洲的觀點：對西方式的地形學與開拓土地而言，三角洲展現出河流形塑出土地的能力；但在東南亞對自然的認識論中，則認為三角洲是往陸地延伸的海洋。昭披耶河三角洲本身與許多異質的、水／陸的基礎設施纏繞，例如灌溉水壩與渠道，且新基礎設施疊加在舊基礎設施上。基礎設施與認識論的動態關係，形成了三角洲本體論的面貌，透過分析基礎設施轉變，可以探討兩種不同的三角洲本體形式及社會—技術網絡。Morita（2017a）也在另一篇文章討論了昭披耶河的「流域」，指出地形經由科學概念與基礎設施的組織性技術被建構出來的過程。上述兩篇文章都指出自然本體是經由特定認識論、論述及物質實踐形塑出來。

　　對於人類所處的實在（reality）的認識論，例如水、陸的認識論，也不僅只有國家或專家的看法，也有在地社群所形構的自然本體，它反映了社群過去以來的社會活動、聚落形成過程與基礎設施的實作，也成為當下對於生活空間權利的聲稱，以此與發展主義對自然的認識論進行抗衡與協商。Zeiderman（2019）的民族誌描述一群哥倫比亞 Buenaventura 海邊貧民窟的人們，主要由非裔哥倫比亞人組成，他們反對被貼上 Bajamar（low tide，低潮帶之意）這個標籤，並聲稱他們的土地是從海中開拓而來（territories reclaimed from the sea）。這種聲稱不僅表示了他們自身是棲居在太平洋沿岸港口城市的黑人社群，也標示了他們居住的臨海聚落與海密切相關。20 世紀中葉起，非裔哥倫比亞人從鄰近河流流域移民來到城市，搭建高架屋。他們在海邊因應海口微鹹的潮水波動從事活動，且正是潮水的起伏波動使他們能夠持續地抓魚、獲得木材與採金礦，他們的生活仰賴能夠接觸到海水與河流支流；居民把經高架抬升的道路與那些建成的都市電力、水供應系統、人行道與街道都連結到他們的房屋。這個從海邊開拓出土地的過程持續到今日，但他們所居住的海陸交界，近來成為迫遷壓力的匯聚點，國家與地方政府試圖將 Buenaventura 轉化成世界級港口城市，並將水邊鄰里視為障礙，畢竟在地人佔據了城市再發展與港口基礎設施大型計畫所選定的場址。都市規劃希望重新開發城市水岸並擴張港口能力，來與其他跨國貿易競爭，因而施加迫遷壓力在臨海聚落。在下文的民族誌故事中，高雄西南海岸的報導人也有類似口述內容，說明地方社群對於自然的敘述，顯示了特定的認識論，而他們過往從事沿海勞動與生活經驗，不僅模塑了海岸地形的本體論，相關聲稱也與國家、基礎設施規劃之間處於競逐關係。

　　但若未定義清楚基礎設施的概念，幾乎任何事物都能套用，因

此有學者指出要更謹慎地使用。如 Krause（2017a）以芬蘭凱米河的水與伐木業為例，提醒使用基礎設施概念時，要意識到是在何時、為何，以及伴隨什麼效果。他認為，藉由基礎設施視角的確能檢視在工業資本主義範型之下，河流元素如何被使用與搾取，以及能夠追蹤此一網絡如何被用來犧牲他者來服務特定的利益，但不能忽略這個概念會掩蓋河流生活的其他重要面向，例如關於自然「韻律」的討論。Krause（2017b：1-8）的民族誌探討愛沙尼亞的濕地與芬蘭凱米河的水力發電的基礎設施，並以人類學對於物質與時間性的觀點切入，說明「陸—水連結」（land-water nexus）不僅是空間上的概念，例如指稱某空間是陸—水混種，而應該理解成空間—時間意義上的水陸兩棲韻律（amphibious rhythms）。「韻律」提供了時間上的分析視野，能夠用來理解韻律如何形塑那些在「陸—水連結」中的生命，也能分析韻律內在的不和諧、錯位又具結構的性質。透過分析置身於陸—水連結的韻律中的人類實踐及其觀點，就能捕捉寓居在水與陸之間如河岸、湖岸、濕地與三角洲等「縫隙」的生命經驗。因此，比起用混種（hybrid）這種空間上的概念，韻律此一概念更能細緻描述逐漸成為（例如變乾、變濕、陸化、水化）、相呼應或衝突的動態過程。這個概念具有異質網絡的性質，無論是人類的想像或實作，或是水、泥、水壩、魚、閘門、森林與船筏的物質性，都構成關係網絡的一部分（同上引：7）。Krause(2015) 同樣也藉由凱米河的民族誌材料，提出「異質工程」（heterogeneous engineering）概念來說明當地建立水庫始終未完的矛盾過程。「異質工程」概念帶有時間面向的分析尺度，包括契機（moment）、未來與持續（duration）的討論，另外作者並非將水壩建造視為專家意圖的單向結果，而是牽涉到支持與反對水庫建造的人們的各種實踐與策略，因此工程中各種異質且偶然的元素與活動

結合成複雜的社會—技術組裝體。

　　本書對於自然的理論立場，較偏向 Carse 為主的將自然當作基礎設施的觀點，國家藉由組織性的技術來將自然元素轉化成系統，用以提供某些功能。高雄西南沿海沙洲的本體，也是在多重的認識論（地形學、水利學、在地居民）、社會活動與技術的交互作用下生成。例如，早年科學期刊將此地認定為因高屏溪漂沙大量減少，導致此地沿岸沙土流失，發生海水倒灌，居民生活朝不保夕，專家籲請政府加蓋堤防來確保沿岸泥沙不致流失，避免危及居民的安全。在高雄港擴建的過程中，治理方並非只是在高雄港內填築土地，而是經由法規、專家知識、論述與機具的一系列組織技術，打造出海埔地，用來提供港務與工業用途；南星計畫與近年洲際貨櫃工程，也都牽涉到「基礎設施作業」打造海岸地形，這部分在本書第二章會有詳細說明。而海岸打造連結到各尺度的社群，不僅只有專家與官僚，「在地」居民不僅參與公開的說明會與環評會議，爭辯協商填海造陸自然的狀態；他們在沿海活動，過去在淺海、淺灘捕捉生計海生動物，也意識到因海岸工程，例如疏浚海底泥沙，使得這種採集場域不再。例如近年洲際貨櫃中心填海工程，引發鳳鼻頭漁民的抗議，認為會改變洋流與漁場。這部分將在本書第三、四章說明。綜上所述，高雄西南海岸在基礎設施這個過程中，與不同社群、想像、知識、組織技術、地球作用力共構形成系統。比起技術自然以「網絡」，基礎設施取徑的「技術系統」更貼近本書的材料與分析。但我希望帶入 Krause 關於陸／海韻律的觀點，擴充時間面向的討論。

　　在本書的第二章，我會以檔案為主討論高雄西南海岸多樣的本體生成的歷史，說明各時期基礎設施的作業，由哪些行動者構成系統

來提供哪些功能。第三、四章則透過民族誌故事，闡明知識、論述、魚、泥沙與居民採集活動如何鑲嵌在海岸基礎設施的生成過程中。其中，第三章以自然本體的生成如何動員知識與多樣社群，彼此如何協商；第四章則以魚與泥出發，說明非人物種與社群的採集活動如何被捲進海岸基礎設施網絡中，海水與魚的韻律如何給予採集及分配得以發生的縫隙。藉由這三章，指出高雄西南海岸人工化牽涉到在地情境、物質、知識、各尺度社群活動的組合，朝開放的未來生成。

第四節　研究定位、方法論與章節介紹

過去高雄西南海岸研究將焦點放在漁村或漁港，將自然置於社會活動的背景，而特定海岸地形的打造作為研究單位則能提供考察自然與社會互動的另一個切入點。近年臺灣西海岸的研究，雖將焦點放在濕地、海埔地等海岸地形且注意到與非人物種行動者形成關係網絡，但將環境變遷視為將空間生產與資本積累，對於海岸自然的多樣性與建立過程較少著墨，限縮對於人工化後生成的自然實在（reality）與異質元素如何組合、發揮作用的認識。

因此在研究定位上，本書藉由近年基礎設施人類學的討論，分析海陸之際區域轉變成基礎設施的過程。有別於將海岸環境變遷當作自然被納入市場機制、被轉換成環境資本的討論，基礎設施取徑提供本書分析高雄西南海岸更動態且細微的框架，藉此理解高雄海岸如何變成特定海岸地形，及其建立與維持牽涉到哪些異質行動者與社群相互連結形成「技術系統」。此外也探討經過基礎設施作業的海岸內在不受人類意圖控制的自然性，如何在基礎設施系統中產生縫隙，藉此考察寓居在自然基礎設施的多樣社群持續生成的實踐。我認為自然本體

打造牽涉到關係建立的「過程」，但網絡本身並非扁平，而是具組織性、但較不具階層化的「系統」。藉由基礎設施組織性的作業，來將跨尺度異質元素組裝，且具有某些服務人類意圖的「功能」。海岸基礎設施被賦予的功能，是要提供一塊穩定的土地，不會隨著潮汐漲落而沉浸，使得水陸域界線分明；或不會因波浪侵蝕、漂沙來源減少而土地流失。此外不僅是穩定陸域，也穩定水域，例如波浪的衝擊、漂沙的沉積、藻類與底棲生物的生長。透過建構穩定而不隨時間作用改變的土地，用以支撐港務、船舶停靠、工業機具設置或國土安全等用途。

在方法論上，我分成三個部分。首先是探討海岸的基礎設施作業，如何組織異質元素，生成了哪些自然本體與提供什麼功能。第二，我則以跨尺度的人類行動者如何形塑海埔地穩定／變動狀態，及其中物質如何回應海岸基礎設施化的過程。第三，我將視角轉移到自然現象與非人物種，探討經歷基礎設施作業後的它們如何影響社會關係與活動。

在研究方法上，我採用檔案研究與民族誌方法，因為海岸基礎設施牽涉到跨尺度與時空脈絡的因素，需要民族誌方法以外的檔案研究來相互對照。在檔案研究上，我主要爬梳過往官方出版有關海埔地的調查與施工報告，如《臺灣之海埔經濟》及臺灣省土地資源開發委員會等官方單位出版品，另外也包含海岸科學與技術研究論著，例如《港灣報導》等。我將檔案研究用來探討海埔地的基礎設施作業，探討不同時期治理脈絡中技術、物質、治理與行政管理的元素與系統如何組織。透過這個方式，來建立關於本研究對象本身的分析框架，避免泛泛地談基礎設施作業，另一方面也作為後續民族誌的分析架構與

參照。另外，我藉由民族誌方法，探討自然本體狀態如何被協商，及在基礎設施的縫隙中彼此又是如何互動。民族誌方法較能在日常生活實踐的層次，看見異質元素間如何協商互動。

因此，本書先從高雄西南海岸多樣的自然本體生成過程，與牽涉到哪些行動者、服務於哪些目的，作為本書的出發點，來處理方法論的第一個課題。第二章〈異質元素複合體：打造海埔地的基礎設施作業〉，會以檔案資料為主，如政府檔案、海洋研究論文、海岸工程報告與報章雜誌等，理解海岸基礎設施的「作業」與「系統」，並服務於哪些特定「目的」，以此作為後續民族誌的分析框架。有別於將歷史當作背景，本章呈現的是海岸作為基礎設施關係建立的過程，尤其跨尺度與非人行動者的面向，分成三個部分說明：第一節探討戰後臺灣海岸開發簡史，描繪作為行動者的機構、法規、工程與技術；第二節說明臺灣西部各地海岸自然本體的生成，以物質、技術物、知識等面向切入，並說明自然現象元素組裝的網絡，如何與其所處的物質與社會過程共作，在不同脈絡與空間生成四種海岸自然本體。延續上一節的自然本體分析框架，第三節則聚焦高雄港十二年擴建計畫、南星計畫與洲際貨櫃工程，說明高雄西南海岸轉變成基礎設施的生成過程及特性。

第三、四章則是民族誌故事為主，分別說明各方異質行動者如何形塑海岸自然本體，及海岸基礎設施如何涉入與影響非人物種與在地社群的互動。第三章〈遷移變化的海埔地：動員行動者形塑自然本體〉，藉由居民、專家與官僚的描述，探討他們如何動員科學論述、土地情感與生活經驗協商海埔地狀態，及海岸基礎設施系統中不受人為控制的特性，來探討上述方法論的第二個課題。本章藉由三個面向

來分析：一是藉由海岸地形的狀態，討論其狀態並非由治理方單向決定的工程，而是由包含海岸系統在內的不同行動者動員知識協商的暫時結果；二是情境式的知識與論述動員，說明動員過程如何連結到當下居民的處境、對土地所有權與來源的看法，及對未來與發展計畫的想像；三是經人為打造的海岸地形意外地生產出模糊的治理空間，中介在在地社群與國家的關係中。

　　第四章〈基礎設施的「縫隙」：海陸韻律與異質社群的喧騰〉，藉由描述泥沙、魚群、社群與採集分配，說明海岸基礎設施網絡的縫隙如何成為多樣社群實踐與互動的空間，來回應方法論的第三個課題。本章聚焦在採集的日常生活實踐面向，分成海／陸場域與採集分配進行討論。首先，我會描述高雄西南海岸的海／陸場域生成過程，原先泥沙作為海岸的模糊地帶，構成無法清楚劃分的水與陸域自然本體，魚群等非人物種得以棲身。但在當地環境經由基礎設施作業後，模糊的泥沙被排除，海陸的界線得以清楚劃分，原先物種無法存活，但卻棲居在海岸基礎設施的多樣場域中，在基礎設施縫隙中仍有物種生機，其中海／陸連結的韻律扮演重要角色。其次，則藉由在漁港旁的漁撈採集，說明在海岸基礎設施縫隙中形成的採集分配，一方面採集分配作為表現與維持社群關係的實作，但在海岸基礎設施的系統網絡中的海流與魚無法預知，使得關係維繫在朝不保夕的狀態中，可見人與非人物種交織在基礎設施網絡的過程。

　　最後第五章〈結論〉，歸納上述幾章的論點，提供經驗性與理論性意涵，及研究限制與未來研究的展望。

第二章　異質元素複合體：打造海埔地的基礎設施作業

　　高雄的海在日治時期有了不同意義，產生了不同的基礎設施實作網絡，也打造出不同海岸硬體。基本上可分成有兩種海的想像，一種是居民對海的想像，比較傳統、日常生活實踐的海，從事漁業活動或採集；另一種則是全球化、資本化的海，想像將臺灣連結到全球。在清代，高雄港還是個潟湖，內海有許多沙洲與魚塭，在 19 世紀末因臺灣開港通商，在旗後與鼓山一帶有了商賈往來。在日治初期，殖民政府當局為了將島內物產轉化成資源，以發展內地工業的原料，便計劃在臺灣興建鐵路與港口，對於高雄的海有另類想像，藉由築港與縱貫線鐵路來作為海陸運輸與航運的用途。截至 1945 年終戰為止，總督府在高雄港北邊（今旗後、哈瑪星、鹽埕、苓雅寮、獅甲一帶）進行築港工程，共分為三期（楊玉姿、張守真，2008b：70-73），發展農產與輕工業製品的加工與進出口貿易；而隨著太平洋戰爭的爆發，高雄也作為也軍用港口成為日本南進的基地。

　　戰後初期，高雄港仍著重輕工業，但也計畫提升漁業的經濟價值，國家開始興建現代漁港與修復原先因二戰而毀損的高雄港；在 1950 年代中期後，則開始發展重工業與貨櫃運輸，興建深水碼頭與貨櫃碼頭將海水能夠連結往全球。由此可見，從日治時期起，高雄有了日常生活實作的海，及資本化與全球化的海，這兩種海的想像與硬體設施交織並延續至戰後，一方面國家興建現代的小型漁港，另一方面藉填海造陸建造深水碼頭與貨櫃碼頭，居民與國家官僚之間對於海的想像相互競逐。在這個脈絡下，海岸基礎設施的打造及實作網絡不斷協商。

　　本章探討海岸作為基礎設施的生成過程，藉由戰後臺灣海埔地開發史、臺灣西海岸自然本體及高雄西南海岸工程等，嘗試理解異質且跨尺度元素如何經由基礎設施的作業，組織進基礎設施系統網絡中，在不同時代海岸治理思維與空間脈絡中產生多樣的海岸自然本體。亦將著重例如風、水、土等自然作用力，及技術、政策與機構等元素的組裝過程，並作為後續章節的分析框架。

第一節　連結異質元素：戰後臺灣海埔地的開發

　　戰後臺灣西海岸的開發，初期關注潮間帶區域，並逐漸往近濱區等海域進行。藉由機構與法規上的更迭，可以看到「海埔地」定義的協商過程，也能看到國家官僚與專家在打造海岸地形時如何將自然現象、物質與非人物種等行動者組織進來；而在工程與技術上，則能考察不同時期對於海岸開發目的與想像的改變，建立不同的流程，經由各種技術與工程重新組合元素間的關係，生產出不同狀態的海埔地。

一、機構與法規

　　國民黨政府 1949 年來到臺灣後，基於人口增長與農業用地的需求，遂根據「上山下海」的開發方向，開發山坡地與海埔地。針對海埔地開發，一開始並無統一的主責機構、層級與法規。首先，臺灣省地政局在 1953 年邀集專家考察臺灣西海岸，但隔年 1954 年，中國農村復興聯合委員會（以下簡稱農復會）也分頭進行考察，作為中美合作的一環，農復會請臺灣的政府當局開發海埔地。1955 年當時農復會水利組人員帶領臺灣省政府水利局、台糖公司、鹽務局、高雄港務局、國防部等代表勘察西海岸海埔地，1956 年提出勘查報告，

指出約有 44,000 公頃的可開發海埔地。基於相關的建議呼聲，「臺灣省海埔新生土地開發辦法」遂由臺灣省政府水利局在 1956 年提出，經由省政府、省議會、行政院等單位會議審議、修正與核定，由省政府在 1957 年公布施行。根據〈臺灣省海埔新生土地開發辦法〉，在省、縣市兩個層級各有主管機關，分別是省政府民政廳地政局及縣市政府。除了主管機關，1957 年公布加強開發工作的組織章程，在省級成立臺灣省海埔新生地開發指導委員會、海埔地開發工作團及海埔地開發申請案件審查委員會，在縣市層級成立縣市海埔地開發申請案件審查委員會（鄭天章，1971：36-40）。但這個階段的海埔地開發為部分人士批評，因為准許私人申請開發，雖然申請踴躍，但缺乏整體的開發策略，尤其缺乏臺灣西海岸的海埔地整體認識（王長璽，1966〔1962〕：62-64）。因此在 1959 年，行政院組織「行政院海埔新生地研究小組」，前往實地勘查，著重了解整體開發工作狀況與地方上的民意。因當時主事者認為〈臺灣省海埔新生土地開發辦法〉違反所謂「耕者有其田」的精神，1960 年該辦法由行政院明令廢止。這個時期也成立有「新竹海埔地研究設計小組」與「雲林海埔地墾殖籌備處」，擬訂為期一年的計畫，藉此掌握開發該地區海埔地的可行性（鄭天章，1971：37）。

但當時基於海埔地開發較為鬆散而無整體規劃，更缺乏對臺灣西海岸海埔地的認識，60 年代後的機構調整上也逐漸將自然現象、社會、經濟等因素納入海埔地的開發中，並進行分區。在「行政院海埔新生地開發研究小組」發表勘查報告後，1961 年行政院成立「行政院海埔地開發規劃委員會」，統一處理全國各地開發的規劃。當時有關單位透過研究了解全臺各地海埔地土壤、潮差、氣候、水文等狀況，擬訂「臺灣省海埔地開發方式及處理原則」（1961 年）並進行分區、

測繪地圖與規劃設計圖。而在實施面，1963 年行政院將「行政院海埔地開發規劃委員會」業務轉交省政府做實際的開發，後者在同年成立「臺灣省海埔地規劃開發委員會」。但這個時期也有另一個機關「臺灣省東部土地開發委員會」負責開發東部，為了統一事權，1965 年兩個會合併改組成「臺灣省土地資源開發委員會」（以下簡稱土資會），當時負責全臺灣包括海埔地在內的土地開發工作。不過當時除了土資會外，省政府也撥交海埔地給其他機關來規劃開發海埔地，例如依據經行政院核備的「臺灣省海埔地開發方式及處理原則」，由北至南，省府將新竹、彰化、雲林等地部分的海埔地撥交給行政院國軍退除役官兵就業輔導委員會（以下簡稱退輔會）；將嘉義海埔地的鰲鼓與東石區撥交給台糖公司；將臺南海埔地的七股與將軍兩區撥交給臺灣製鹽總廠；其他海埔地則由土資會統籌開發（鄭天章，1971：37-39）。這個階段在海岸工程上，有其特定流程，大致上分為計劃、設計與施工，這點從上述的機構劃分與業務移轉可見一斑（湯麟武，1962a：234），此外在撥交海埔地時，也一併考量海岸的非人力量，例如潮汐或土壤等混合要素。

在土資會時期，1966 年訂定〈臺灣省海埔地開發處理辦法〉，並鑒於資金與工程規模浩大，且該會認為臺灣各地海埔地「特性」不同，因此應分區逐步開發，遂訂定「臺灣省海埔地十年長期開發計畫」。該計畫擬訂進度表，包括土資會協助的退輔會、台糖與臺鹽等公營事業機構在內，針對海埔地各區「特性」去擬訂開發做法（鄭天章，1971：37-39）。1969 年，省政府報奉行政院核定「海埔地範圍界限劃定原則」。截至 1975 年，這十年間共開發八區，獲得農田、魚塭、鹽田 5,720 公頃。1976 年省府為精簡機關，裁撤土資會，並將海埔地業務移轉給省政府水利局承辦。直到 1990 年代，開發海埔地主

要由省政府水利局進行，此外也有縣市政府與相關目的機關，另有臺灣省政府成立的「海埔河川地開發指導小組」（邱文彥，1993：675）。

　　不同時期界定海埔地的方式也有所不同——各方協商海埔地的定義，所謂海埔地逐漸包含低潮線以下的區域，亦會有不同的技術介入。如〈臺灣省海埔地開發處理辦法〉（1966 年）第二條所指稱的海埔地，是「低潮線以內經自然沉積或施工築堤涸出之土地，前項海埔地由主管機關會同有關機關測定之。」（鄭天章，1971：3）而「海埔地範圍界限劃定原則」（1969 年）則考量實際陸地面向的開發狀況，包括土地所有權的因素，指出部分海埔地需經測量才能確認範圍。此外，根據 1970 年代初的研究，海埔地指的是「位於低潮位與高潮位之間的海灘地以及低潮位以下，因實施工程而獲得的土地」（同上引：2），與前述「辦法」所認為只有高潮位與低潮位之間那片區域才是海埔地的定義，有著明顯不同，這個時期已經有呼聲認為應該含淺海以內的土地。簡言之，這個時期（表 2-1）對於海埔地的定義，是海陸交互作用的地區，有多樣物種在此互動。

表 2-1　1980 年前臺灣海埔地開發機構

機構	法規	時間	說明
農復會、臺灣省地政局		1953-1956	零星區域調查，主要考慮工程面向
省政府民政廳地政局、縣市政府	臺灣省海埔新生地開發辦法	1957-1960	零星調查、允許私人申請開發 ※ 臺灣省海埔新生地開發指導委員會、海埔地開發工作團、海埔地開發申請案件審查委員會、縣市海埔地開發申請案件審查委員會協助承辦
行政院海埔新生地研究小組		1959	實地勘查，了解整體開發工作狀況、地方上民意

（續上頁）

機構	法規	時間	說明
行政院海埔地開發規劃委員會	臺灣省海埔地開發方式及處理原則	1961-1963	統籌全國各地調查與開發，調查全臺海埔地土壤、潮差、氣候、水文；擬訂「臺灣省海埔地開發方式及處理原則」（1961）；進行分區、測繪地圖與規劃設計圖
臺灣省海埔地規劃開發委員會、臺灣省東部土地開發委員會		1963-1965	
臺灣省土地資源開發委員會	臺灣省海埔地開發處理辦法（1966）、海埔地範圍界限劃定原則（1969）	1965-1975	負責全臺海埔地開發工作，有一定的開發流程；擬定「臺灣省海埔地十年長期開發計畫」（1966） ※另分配部分區域給退輔會、台糖公司、臺灣製鹽總廠主責開發
省政府水利局		1976-	※另有縣市政府與相關目的機關、臺灣省海埔河川地開發指導小組協助承辦

表格來源：筆者整理繪製。

　　1980 年代後，在海陸之交建造穩定土地的範圍與做法改變，也發展出新概念來指稱在水面下生產土地的作為。在 1983 年，行政院公布〈海埔地開發管理辦法〉，開發目的仍限於農漁使用。故於 1991 年函示內政部營建署就該法修訂，並於 1993 年公布施行。新訂的〈海埔地開發管理辦法〉，該辦法與過往對於主管機關及海埔地定義有著截然不同的界定。該法擴大海埔地的範圍，明定為「指在海岸地區經自然沉積或施工築堤涸出之土地」。這項變更意義在於，海埔地不僅是低潮線以內的潮間帶，而向外延伸都是屬於「海岸」地區的開發行為。但該法並未明定多少水深範圍以內即屬於「海埔地」，此外

也新增「造地開發」此一概念，訂為「指在海岸地區築堤排水填土造成陸地之行為」。該法也將海埔地主管機關由原先的省政府水利局，改訂為內政部營建署統籌管理，這是因應海埔地不僅是潮間帶，也包含向外延伸的淺海地區的「海岸」（邱文彥，1993：676-679）。1995年，作為配合海埔地開發管理辦法的「海埔地開發許可審議規範」公布施行。

但是海岸的開發行為，也與環境等其他面向的法規相關，在開發流程與牽涉到的行動者上也相當複雜。例如關於包括海埔地在內的海岸管理，已有海岸管理領域研究指出其忽略開發以外的其他面向，例如環境保育；此外在權責機構與海岸分區範圍上的模糊與重疊，行政缺乏統一性，產生種種矛盾，各界呼籲一部更完整的海岸管理相關法案（Chiau, 1998）。2015 年，內政部營建署公布施行《海岸管理法》，2016 年公布施行〈海岸管理法施行細則〉。《海岸管理法》將過往稱為海埔地的區域，稱為「近岸地區」，定義為「**以平均高潮線往海洋延伸至 30 公尺等深線，或平均高潮線向海三浬涵蓋之海域，取其距離較長者為界，並不超過領海範圍之海域與其海床及底土**」；除了近岸地區，也界定出「濱海地區」、「離島濱海陸地及近岸海域」。該法觸及環境保護、氣候變遷、文化資產、決策機制的在地參與等，與以往開發海埔地時針對經濟開發有所不同（內政部營建署，2015；張乃夫，2015）。不過具體的法規工具與執法狀況，仍有諸多待商榷與爭議之處，例如針對海岸分區，由於海岸有各種土地，涉及不同主管機關，也讓管理上更加複雜（黃斐悅、黃靖庭，2016）。

由臺灣海岸管理相關機構與法規的轉變，可見「基礎設施的作業」牽涉到非人行動者的制度與機關的影響，尤其是它們彼此如何

組織、形塑自然本體。從制度上來說，可以看到各時期對於「海埔地」界定的差異，此一海岸本體不只是客觀事實的測量，例如海象、潮汐、土壤與日照，也包括法規、公式、海岸工程知識、機具或理論模型等，以及各尺度的機構、官僚、在地居民及其活動、專家、潮間帶生物等多樣社群，形成一基礎設施意義下的技術系統。但有別於大型技術系統（Hughes, 1987）的討論，海埔地並非由系統建立者（builder）所單向構想與建立，也牽涉到上述多樣的異質社群發揮作用共構而成。而從機構面也可見到此一特性，尤其同一時期在各區建構的海埔地特性不一，因此透過分區並交辦土資會、退輔會等不同機構，進行分區開發。

下一節我將從工程與技術的面向切入，說明其對於異質元素的組裝建立了一套程序，重新建立了異質元素間的關係，讓彼此能系統性地組織起來。

二、工程與技術

工程的規劃工作，第一步是研究自然環境，非但過去、現在的自然現象，而且要推測未來的自然現象。一切土木水利工程，都是在改變自然環境，使與人類有利，或是防止自然給予人類的災害，或是利用自然增加人類福祉；故規劃工作的第二步為研究自然環境受工程改變後的現象。

以上僅是工程技術上的規劃，尚未考慮及人文狀況及經濟條件的問題；與工程規劃同時，必須先調查施工前的社會狀況以及工程完成後對各種產業的影響，甚至對政治的影響，都須加以估計，然後計算工程費用與效益的比率，研究其是否值得。

　　根據以上的研究與經濟效益的評價，工程計畫始可決定，決定計畫前當然尚須擬定各種比較計畫，選擇其中最適當、最有利的計畫，作為定案。

　　規劃工作，並不因定案計畫的產生而結束，工程的施工，亦須在規劃期中，加以考慮；例如施工機械的選擇、材料的採集與運輸、勞力的供給及施工期限與天氣條件的關係等，均須事前有一通盤計劃，以免臨時手忙腳亂，非但浪費工程費用，而且可能延誤工作期限，招致意外災禍（如颱風等），使其前功盡棄。（湯麟武，1962a：231）

　　基礎設施的作業會將不僅行政管理與治理的元素，也包括物質與技術性的元素組織成支持特定目的的系統。在這一小節，我將介紹海岸基礎設施的開發計畫之擬訂、開發工程、技術與工具，說明技術與物質面向的元素及其關係建立過程。

　　海岸的基礎設施作業，其一是建立標準流程，及界定出流程所牽涉到的面向。

　　在 1960 年代以前的海堤或海埔地建設，共分成計劃、設計與施工三個階段，僅考量人造物的布置，而未對自然環境與社會進行全盤地了解與分析。1957 年後隨著海岸工程學引進臺灣，透過調查研究、模型實驗，及在 1961 年「行政院海埔地開發規劃委員會」的成立，機構較為統整，讓海岸工程整體考量上逐漸全面。在海埔地的工程上，建立了標準程序：「過去有關資料的蒐集」、「實地調查」、「推測計算」、「資料分析研判」、「實驗及實地試驗」、「決定計劃」、「經濟分析」與「施工規劃」，透過這套程序實地觀察自然現象與當地社會

活動的資料並進行分析，或建立模型與現場試驗，考量經濟效益與施工期程，建立海岸工程與當地情境間的關係（湯麟武，1962a：233-234）。

（一）實地調查

此階段工作共分為 18 個現象：氣象、潮汐、波浪、潮流及沿岸流、漂沙、地形變遷、海底表面土沙、河川水文及地下水、災害、土壤地質、農作物、林業、漁業、鹽業、工業、人文狀況、土地利用狀況、施工環境等。這些調查工作內有不同的細項，有各種測量儀器、方法與公式模型，例如氣象調查又再分成風、氣壓、氣溫、雨量、日照、蒸發與濕度等調查——其中風的調查要在海岸沙灘建立氣象站，藉由風速風向計來統計；潮汐調查則須在海岸設置潮位計。可以測量的用儀器測量，但儀器設置位置須考量各地環境狀況設置；無法測得者，則藉由模型與公式推算來進行。且此一階段工作不僅調查自然現象，也包括經濟、非人物種、社群活動、土地狀況等（同上引：235-248）。透過實地調查，掌握影響海岸地形生成的要素、量能與方向（圖 2-1）。

（二）資料整理及推算研究

第三階段，需「找出」同一「現象」的資料間的關係，此外也要建立不同「現象」間的關係，並作為推測海埔地未來的依據，因為不同現象間的關係，都可能影響海埔地的形成（同上引：248）。例如氣象與波浪資料的關係，由於海埔地的成長與消蝕，受到波浪的影響。在臺灣波浪的成因有海面吹來的風引起的波浪，也有海風在遠方海面吹起形成的波浪、傳播來到臺灣沿海等不同成因。因此要預測如風與

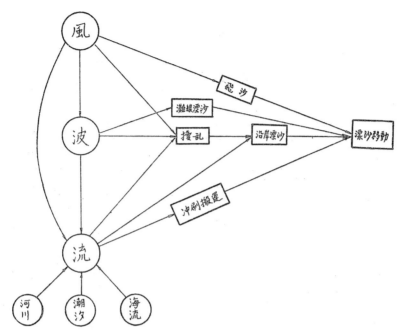

圖 2-1　海岸工程學「漂沙成因圖解」概念圖
資料來源：翻攝自康乃恭（1962），〈臺灣海埔地之河川與河口〉，刊於《臺灣
　　　　　之海埔經濟》，臺灣研究叢刊第 82 種，臺灣銀行經濟研究室編，頁
　　　　　156。臺北市：臺灣銀行經濟研究室。國立臺灣大學圖書館藏。

浪間的關係，並推測未來的波浪狀況（同上引：248-255）。此外，也
要了解波浪與漂沙、地形資料的關係。總之，藉由不同的現象資料間
關係的建立，來歸納或演繹出海埔地的未知處，這些未知可能是還沒
發生的未來，也可能是儀器測量的侷限等。

（三）計畫設計

　　計畫須在上述兩個階段的基礎上，考慮經濟效益與成本，與施
工能否適應當地環境。設計則要考量設計的人造結構物本身，以及該
結構物如何在施工與安置後發揮作用與建立關聯性，又會造成什麼影

響。因此設計並非處於計劃或施工之外，而必須配合後者來進行設計，例如海堤結構物如何經由陸上機具運輸到當地，又如何藉由海上機具下水，及該如何、於何時設置。這個階段牽涉到開發工程與工具的課題（湯麟武，1962a：233-234）。

綜上所述，海岸工程是透過有系統的程序，掌握各種人、非人物種、非人力量的資料，藉由分析來建立各種行動者間的關係，來預測海埔地此一海岸基礎設施的動態過程。

（四）施工規劃

臺灣西海岸的海埔地，主要藉由「攔淤」的方式，透過人為方式讓淤沙自然沉積。藉由設置防潮堤，在堤防後方至海岸線之間的海陸兩棲區域設置攔淤壩及攔淤場進行攔淤（圖 2-2）。攔淤壩與攔淤場的設計與設置，也必須考量灘地高程、波浪方向與大小等因素，而有重型與輕型等不同壩體構造；此外灘地的高程與土質，也會影響壩距的大小。而防潮堤堤防的設計，也是影響海埔地的關鍵之一，會影響開發成功與否及經濟得失。在堤防斷面的選定上，堤防斷面分為斜坡式及直立式，直立式多用於港灣、防波堤與圍墾小型內湖——臺灣的海埔地大多採用斜坡式堤防斷面，而不同斷面的堤防有不同的表面與堤心材質構成人造物。堤防設計上，也與波浪與潮位有關，而如上所述不同現象間的關係，波浪與潮位也與氣象有所關聯，在設計時會藉由公式將不同現象間的關係分析出來，得出堤防斷面的堤高與堤坡數值。而堤防所設置的地點，也必須有平均、統一的承載力，因此需將堤防設置地點基礎的淤泥清除，並填沙作為基底（許明興，1966〔1962〕：264-290）。

堤防的施工則與潮汐、波浪與氣象的當下狀況有關，例如有颱風

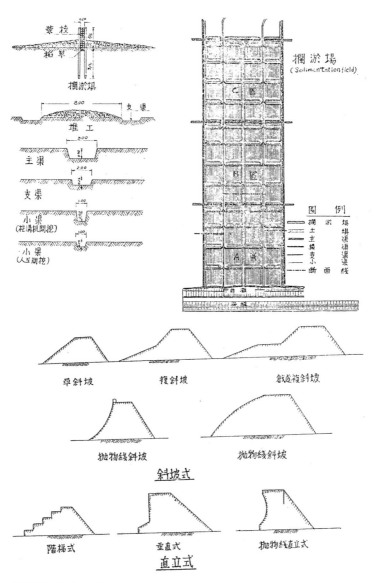

圖 2-2　攔淤與堤防示意圖

資料來源：翻攝自許明興（1966[1962]），〈臺灣海埔地之開發工程〉，刊於《臺灣之海埔經濟》，頁 268、274。國立臺灣大學圖書館藏。

與季風的月分不適合進行堤防施工，4 至 6 月則較為適合。要在一定時間內完成海堤，則牽涉到施工機具的狀況；而整個施工過程也牽涉到基礎的整理、堤身施工及保護面的處理。可見在潮間帶海埔地的土地生成中，漂沙是重要的要素，因此如何使其淤積、哪些現象會影響淤積，如何預測甚至改變這些現象間的互動作用來引導漂沙流動、沉積、組成，是此時基礎設施作業的重要課題。

如何將不同物質組合來形構穩固且成份適合用來發展特定目標的土地，則需要考量物質實作，不同的機具間的配合也會影響海埔地施工及完成後的穩定狀態。針對海埔地施工工具，有分成陸上機具與海上機具，且在 60 年代當時海岸工程學認為應以水上工具為主，陸上工具為輔（陸穎寰，1966〔1962〕：314）。水上工具又以工作船為主，分成挖泥船、拖船、打樁船、起重機船與水船等。挖泥船種類繁多，有抓式挖泥船、鏈斗式挖泥船、杓式挖泥船、唧筒式挖泥船、唧筒拖航式挖泥船等五大類型，這些類型中有分自航與非自航等，前者可自行航行，後者則需拖船才能航行（圖 2-3）。這些挖泥船各有其功能與特色，適合在不同自然環境下挖泥；且不同區域常以不同種類比例的挖泥船組成挖泥船隊。而陸上工具則有搬運機械、推掘機具、混凝土機具、輾壓機具、陸上打樁機、陸上起重機等不同種類及細項（同上引：315-328）。除了水上、陸上工具，由於施工需搭配自然現象的特定月份，有時也必須在晚上作業，因此海埔地施工工具也包括夜間照明設備。

在 1980 年代後，隨著對大型工業區開發的需求，海埔地的用途也從原先提供作農田、漁塭或鹽田等，轉變成工業區的設置地點。基於這樣的目的，海埔地如上一節所述，定義與法規上也不僅止潮間

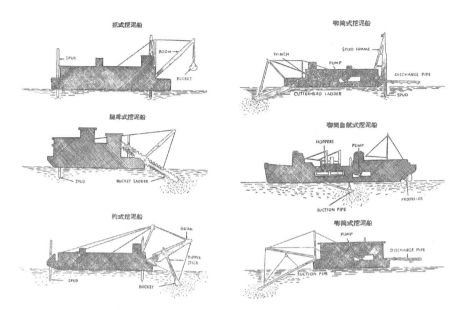

圖 2-3　挖泥船示意圖

資料來源：翻攝自陸穎寰（1962），〈臺灣海埔地之開發工具〉，刊於《臺灣之海埔經濟》，頁 316-317。國立臺灣大學圖書館藏。

帶，更希望向深水的方向推進。而在開發的程序上，基於調查、分析、設計與施工等程序，加入了「造地」的概念與實踐（邱文彥，1993：676-677）。造地在設計上，多了要掌握填築地基礎，例如淺基礎之承載力、基礎沉陷、邊坡穩定、基礎液化評估；而在工程上，則須擬定堤防工程、造地工程、區內計算、給水計畫、排水計畫防風計畫等（陳森河，1998：8）。

　　填海造地在意義上不同於前一時期的潮間帶海埔地，它不是透過自然沉積或築堤乾涸來將原先亦海亦陸的海岸轉變成土地，而是涉及將海轉變成陸地，原先尺度外的異質元素被組裝進這個基礎設施過程。更重要的是，泥沙、海水間如何混合？機具如何介入？如

何將「土—水混合體」的泥水輸送、堆填到回填區？都會影響填海造陸海埔地的穩定與維持，也必須考量與既有的地下水等自然元素如何嵌合。例如，砂土在空間上的轉換，從抽砂區移到回填區，就牽涉到不同技術與知識的介入。當時主要的方式是「水力抽砂回填法」（hydraulic sandfill），這是一種「利用機械如絞刀或沖水使水底下的砂土被切割、沖散，再借助泵浦及吸管利用水力吸引的方式，將土—水混合體抽出水面，經由壓力管或裝載平底船輸送至回填區之施工法。」（簡連貴，1995：22）程序上，先將回填區分區擬定填築的順序，在沿岸先回填出土堤，並用水力抽砂來將砂回填，回填同時也進行外圍的海堤與防波堤整建，如此一區一區地完成。其中土壤扮演重要角色，不同土壤的組合、如何載運與回填，都會影響填海造陸的土地狀態，因此會在計畫進行前分析抽砂區的土壤、地質等相關自然「現象」，並模擬如何載運與回填。例如，載運上分為輸砂管輸送與水力式抽砂船運送兩種方式，專家考量各地海象、氣象、抽砂區深度及其與回填區的距離，選擇適合的載運砂土的方式。而填海造陸的土地與自然沉積不同，在時間意義上，水力抽砂回填的最多幾十年，自然沉積的可能有千年以上之久，兩者形成不同土地性質（張吉佐、方仲欣，1995：6）。

　　約在 1990 年代末至 2000 年初，開始講究「生態工法」填海造陸，在海岸結構物或施作上，需考慮以往較為忽略、排除的非人物種，且將自然現象視為交互合作的關係。過去傳統的港灣結構物，例如海堤，常採取直立式斷面，在高波浪反射率的狀況下使得堤前沙灘流失。海岸失去中介的泥沙，使得波浪直接衝擊海堤岸壁，若堤後是海埔地，則波浪會造成堤後回填料流失，造成下陷等問題（廖學瑞、朱志誠、張欽森，2002：20）；此外，傳統的海岸結構物也造成藻場

或漁場的破壞，因此海岸工程學者提倡海岸生態工法（張瑞欣、林東廷、林綉美，2002：1）。具體來說，做法包括人工養灘（砂腸、砂袋）、編籬定砂、植栽定砂、生態型海岸結構物（海堤、護岸）等，海岸被視為生態系。針對海岸結構物，調整過去填海造陸的海堤斷面，並放置生態型消波塊等，讓藻類繁殖，形成岩礁性環境，使得附著性生物、洄游魚類與岩礁性魚類得以棲居（林東廷、蔡立宏、黃清和、陳昌生，2007：13）。填海造陸採取生態工法，也改變了工程的流程與現象，例如調查階段須了解附近區域存在哪些藻場與種類，海岸結構物設計與施工上也必須掌握是否影響藻場，施工後是否適合藻類生存等，工程結束後也必須追蹤變化（張瑞欣、林東廷、林綉美，2003：38-43）。

採用生態工法進行填海造陸的工程時，比起原先考慮自然現象與社會狀況的潮間帶海埔地、傳統填海造陸海埔地，多納入了非人物種此一行動者。例如臺灣常見的藻類石蓴、裂片石蓴、腸滸苔、盾葉蕨藻、指枝藻、蜈蚣藻等，其藉由海岸結構物與工法的調整，被組織進海埔地的異質元素系統，提供基礎設施的功能。不僅藻類構成的海岸基礎設施，魚類也在此一過程被連結到系統之中。

綜上所述，海埔地此一自然基礎設施，透過上述物質與技術的元素組織起系統。上述描述並未包括浚填後續的土壤、排水、灌溉、防風林、道路等設施的規劃，但海埔地的製作過程從調查、分析、計劃、設計與施工，經由這一套程序來將潮間帶、海水、泥沙轉變成人類可用來農墾、魚塭、工業區、港口等用途。這一套基礎設施的作業包含兩個過程，一是在人、非人物種、自然現象之間重新建立關係，且藉由物質、模型與施工等實作促成；二是藉由這組多樣元素構成的關係，結合治理的、行政管理上的網絡，組織起基礎設施的系統。

接下來，將透過臺灣西海岸具體案例，說明不同時空脈絡的基礎設施系統形塑出的多樣自然本體（表 2-2）。

表 2-2　海岸工程、技術與自然本體列表

分析類別＼年代	-1960	1960-1980	1980-2000	2000-
區域	潮間帶（後灘區）	潮間帶（前灘區）	近濱	近濱、離岸
流程	並未整體考慮現地環境	全盤蒐集當地自然現象與社會資料，並藉由實驗與分析預測現象，再進行設計與施工	較前一時期的流程與現象，新增考量「造地」，例如需調查填築地基礎、土方來源狀況	新增對環境影響的評估
非人物種	未納入主要考慮	有納入考慮，試圖將物種排除，或引進能夠防風、波浪侵蝕土壤的植物，如紅樹林	有納入考慮，試圖將物種排除，或引進能夠防風、波浪侵蝕土壤的植物，如紅樹林	將人工海岸視為生態系，試圖將藻類、魚蟹等非人物種納入考慮
機具／工法	陸上工具為主築堤	海上工具為主——築堤攔淤，透過建立攔淤壩排水，讓泥沙沉積	抽砂填海（也使用回收廢棄物填海），常採用水力抽砂回填法	抽砂填海（也使用回收廢棄物填海），採用生態結構物
自然現象	並未全盤考量	藉由工具了解個別現象，及推測不同現象間的關係	藉由工具了解個別現象，及推測不同現象間的關係	承認自然現象的不可知性
自然本體	海堤	潮間帶海埔地	填海造陸海埔地	生態工法填海造陸
代表案例	彰化鹿港崙尾、臺中梧棲漁港	從新竹至高雄永安一帶的海埔地、高雄港第二港口圓沉箱堤	六輕、彰濱、南星計畫	高雄洲際貨櫃中心

表格來源：筆者整理繪製。

第二節　組裝異質元素系統：不同時空脈絡下的海埔地

一、臺灣西海岸「分區」：建立海岸地形

　　在海岸工程學引進臺灣後，針對如何開發臺灣海岸資源，尤其海埔地的開發，1961 年起，國家官僚與專家透過「過去有關資料的蒐集」、「實地調查」、「推測計算」、「資料分析研判」與「實驗及實地試驗」等步驟（湯麟武，1962a：233-234），蒐集並分析「自然」資料，分成氣象、水文與土壤。有關海埔地的氣象資料，以氣溫、氣壓、降雨、蒸發量、濕度、風向、風速、雲量與日照等為主；水文資料則以水的各種狀態為重點，調查河川流量與含沙量、波浪、潮汐、漂沙、海流與地面水、地下水等面向。針對水文調查的目的，有兩項：「（一）為瞭解地面水及地下水之來源、分布、水質及蘊藏量，俾供堤線選擇、堤防設計、海岸保護之參考，欲從事海埔地開發，則非作墾區灌溉排水之依據；（二）為了解潮汐變化，潮流之方向及流速，波浪狀況以及漂沙動向等，俾先了解水文情況不可。」（鄭天章，1971：11）而針對土壤調查，則要了解地質、海埔地土壤與河流上游母岩種類與成分，及風、雨水或海潮對於土壤的影響。

　　除了上述這三者，也要分析海埔地的成因，共分成海岸地形性質、河川泥沙沖積及波浪漂沙等三個作用。經由分析「自然」環境與海埔地成因的相互組合，將臺灣西海岸各地海岸與以分區。由於臺灣西海岸變遷深受地形與河川的相互作用所影響，因此 1960 年代初期，海岸工程學領域將臺灣西海岸分為七區，由北至南分別是新竹、苗栗、彰化、雲嘉、嘉南、臺南、高屏等，劃分海岸線變遷的分區。而在這些海岸分區，由於大肚溪以南、二仁溪以北之間，「沿岸海底

地形淺平廣闊，潮差又大，所流注的溪流不但較長，含沙量也大，自然有急劇西進之勢。」（石再添，1980：8）。在這兩條溪之間，又劃分為北部、臺中、彰化、雲林、嘉義、臺南與南部等海埔地，當時的這項劃分，也是爾後海埔地開發工程的分區來源。而在此之外的海岸，則因其他「自然」因素，被視為沒有顯著堆積現象。例如高雄西南海岸的漂沙來源是高屏溪，在地形上高屏溪口外有一規模龐大的溺谷地形，因此在高雄港沿岸不易形成堆積現象（同上引：14）。

由此可見，因應提供作農田、魚塭、鹽田、工業區或港口設施的服務目的，臺灣西海岸經由專家測量與分析其非人要素（地形、土壤、地質、河流、氣象、氣溫、氣壓、降雨、波浪等）並重新組織，形塑出海岸或海埔地分區，各有其「特性」，作為開發計畫的基礎。

以下說明各區海埔地其中的新竹（北部）與雲林海埔地開發過程，簡介它們如何經由基礎設施的作業，將其轉變成海岸基礎設施。

（一）新竹海埔地

在北部海埔地範圍內的新竹海埔地，範圍自新竹頭前溪口南至香山鹽水港溪，是由退輔會主辦，主要目的是用來安置退除役國軍官兵進行農墾活動。自 1957 年起進行調查工作，同年開始規劃開發，以兩年的時間擬訂開發計畫，再依地形與河流，分為北區、中區與南區，其中北區再劃出實驗區，中區則劃分成中北區、中南區（圖2-4）。

開發工作上，北區的實驗區先行開發，期程為 1959-1962 年，北區其餘部分於 1966 年前施工完成。依據調查報告，當地自然環境為南北長約 13 公里、海岸線至低潮線指的是平均寬度為 1.25 公里的海

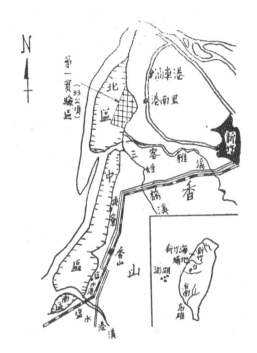

圖 2-4　新竹海埔地範圍
資料來源：翻攝自張劭曾（1962），
〈臺灣海埔地之經濟建
設目標〉，刊於《臺灣
之海埔經濟》，頁47。
國立臺灣大學圖書館
藏。

埔地。河砂來源為頭前溪、客雅溪、鹽水港溪與三姓溪等流域較大
的河，加上其餘河川溪溝共約 15 條。上述新竹海埔地分區，即是為
使河流直接導引入海來避免圍墾的海埔地，所作的分區劃設，並依
據海岸地平線、砂坵、潮汐等因素，規劃三條堤防的計畫線。此外
開發機構也調查了潮汐高低位、風速、風向、雨量、氣壓、土壤質性
（成分、pH 質）、地下水等，依據上述「自然」條件，開發人員認為
當地開發環境並不理想（行政院國軍退除役官兵輔導委員會，1969：
3-4）。

　　而其海埔地成因，經調查得出是因為地殼長期性上升、河川泥
沙堆積，及定向季風吹動與潮汐波浪的推移而形成。其中河川地泥沙
入海後，因為每年 9 月至隔年 4 月間的北東季風及其所引起的波浪，

作為動力使得淤沙向西南岸漂移。北東季風吹拂期間共約八個月，加上潮汐因素，在退潮時沉積的泥沙露出海面並乾化，在漲潮時則隨潮水往南漂移。這一整套從地質、河川、風、潮汐等非人要素的組合，使得新竹海埔地呈現生長狀態，但潮汐風浪也仍會讓當地海埔地被沖蝕，處於不穩定的狀態（行政院國軍退除役官兵輔導委員會，1969：3-4）。

根據上述自然調查獲得的資料為基礎，該小組針對防潮堤位置選定、選擇防潮堤斷面、灌溉、排水、防風、道路、耕地等計畫的具體內容。但在施工作業上，又考慮颱風、波浪、潮位等因素搭配施行。其中，以北區防潮排水門工程為例，當時依據當地氣象等情況，選在颱風較少的冬春季進行施工，但卻因經費籌措而延至 4 月；且因為工程時間與進度受到潮汐影響，施工方法與步驟上與陸上作業不同，步驟調整成臨時擋水堤構築、抽水與水中挖土、基樁打設、海灘運輸及混凝土施工，最後進行混凝土強度檢驗與檢討等（新竹海埔地開發小組，1962：49-54）。可見基礎設施的作業，牽涉到工程作業、資金、氣象、潮汐等各因素的共作。

在退輔會結束新竹海埔地開發事務後，除了部分區域有興建漁港、焚化爐等設施外，另有牡蠣與文蛤養殖業，而整片新竹海埔地則維持退輔會開發海埔地以來的狀況，仍舊是水陸混合的潮間帶濕地。當地的土地為泥質土壤，為藻類、招潮蟹等魚蝦貝類的棲息地，此外也有數種保育類鳥類生存，甚至作為候鳥南下的中繼濕地。雖然1980 年代起有新竹香山海埔地的填海造地計畫，90 年代歷經《環境影響評估法》通過前後各方的攻防，除了民間的參與，上述濕地的非人物種與在地養殖業也對於此一區域自然狀態的界定發揮影響力，被

視為不只是爛泥灘地，而是一豐富生態系的濕地，影響環評結果。在2001年，香山海埔地被劃設為野生動物保護區，提供養殖業與生態保護的功能（林彥佑，2004；陳彩純，2002；楊綠茵，1995）。

　　早先在1960、70年代的新竹海埔地施作的基礎設施作業，意外地形成了生態系豐富的濕地，非人物種與在地社群棲身於此。而後來政府打算進行填海造陸建造工業區，也因其中環團、居民與非人物種的共作，沒有進行填海造陸，而被劃設為野生動物保護區。但也必須編列人員與預算予以維護，因此新竹香山海埔地並非無人為干預的自然，而是基於生態保護與在地養殖生計的目的仍需維護的海岸基礎設施。

（二）雲林海埔地

　　雲林海埔地範圍自濁水溪口至三條崙以北地區，由行政院交由台糖公司負責開發，1958年成立「雲林海埔地墾殖實驗籌備處」，將南區的後安寮與北區的許厝寮劃定為實驗區，後又持續調查、測量與規劃，於年底完成調查，規劃第一、二、三與四等墾區（圖2-5）。1959年籌備處結束，改由新成立的「雲林海埔地聯合墾殖實驗處」，接手調查、測量與實驗等作業。特別的是，該處仿效德國、荷蘭沿北海岸的海埔地「先攔淤後圍墾」的做法，試驗一年，獲得平均淤高7公分的海埔地，較德國、荷蘭兩國的做法還好（鄭天章，1971：44-45）。

　　當地自然環境上，海岸屬於隆起型海岸，土壤為砂土或砂質壤土，漂沙來源為濁水溪為主，其沖積層地質為中央山脈粘板、砂岩與頁岩風化的泥沙，由河流攜至河口淤積，漂沙多且入海後經由南向流往南漂移。其海埔地成因主要即是河川漂沙與波浪潮汐的相互作用，

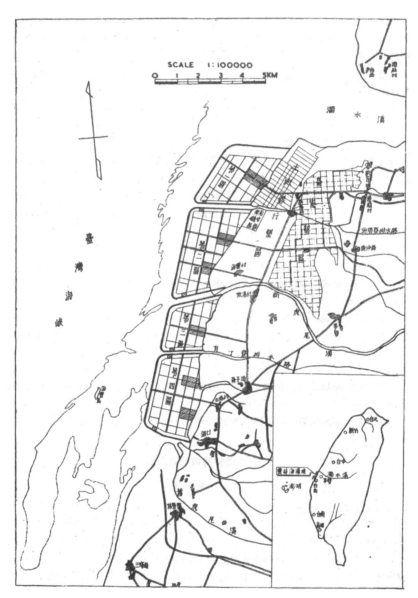

圖 2-5　雲林海埔地範圍

資料來源：翻攝自張劭曾（1962），〈臺灣海埔地之經濟建設目標〉，刊於《臺
　　　　　灣之海埔經濟》，頁 50。國立臺灣大學圖書館藏。

「引起之定向順岸波浪及近岸時波浪因海底摩擦所生之折射現象與潮汐岸流。」（臺灣省土地資源開發委員會調查規劃隊，1971：7；鄭天章，1971：27）。專家推測由於濁水溪輸砂量多，海埔地成長速度亦快，且土壤已有方法改良、排水問題也不成問題，適合用作魚塭的墾殖；但土壤鹽分含量、地下水位均高，不適合農業墾殖，因此該海岸基礎設施是「造成海水及淡水魚塭為主要目的」（臺灣省土地資源開發委員會調查規劃隊，1971：43），但仍可藉由灌溉與排水工程、水稻種植，降低土壤鹽分，補足土壤限制來從事農墾。

在開發計畫上，在考慮上述一切自然因素後，該會訂定適合當地情境的填築海埔地計畫。因為當地土地平坦，低潮位附近已形成沿岸沙洲，且部分已露出高潮位，並向外海傾斜。由於沙洲阻礙海埔地的潮水向外均勻流出，使得海埔地的形成無法獲致均一的坡度，考量地形變化不穩定，因此規劃上則將防潮堤堤線主要設在沙洲內側（同上引：42-43）。

1994 年起，台塑在雲林海埔地的麥寮一帶進行填海造地，花了四年的時間，於 1998 年完工，水深達 20 公尺以上。六輕填海造陸同樣也經過調查、分析、設計與施工等程序，掌握自然現象與社會關係等資訊與進行分析。而在填海造地工程的部分，採用上述水力回填法，砂源為濁水溪出海口與麥寮港域，回填區域的回填高程與防波堤高度，考量當地波浪、潮汐、土層厚度及地下水含量與分布等海象與土壤狀況，且由於當地有深層地下水且無法有效抽取，導致可能的地層下陷，綜合評估回填後新生地本身的沉陷及因為深層抽水產生的地盤沉陷，因此訂定廠區回填高程從 +4m 改為 +4.8m。回填的海埔新生地，淺層多為砂質土壤，後續也需要經過改良，例如壓密等（陳

斗生、俞清瀚、葉嘉鎮，1996）。在海上機具上，以吸管式抽砂挖泥船，搭配拖船、油駁船與竹筏，透過將「高低壓噴水頭分掌垂直及側向開挖，形成逐漸擴大之椎面重力流，集中砂源經由 1. 進水泵及 2. 加壓泵串聯抽送，併海上浮管海底沉設管及零星管件等輸砂管線組構成海上挖泥主幹。」（高聰忠、謝樹成，1996）在工程完工與進行土壤改良後，目前仍持續監測沉陷量。

針對雲林海埔地的基礎設施作業，可見其特性。綜合自然現象，如高地下水位、濁水溪的高輸砂量、砂質土壤，在早先潮間帶海埔地開發階段時就是調查、分析與施工的重點，也因為這樣的特性，當時雲林海埔地主要以魚塭為主要開發目的，若要從事農墾則需進行土壤的改良。在六輕填海造陸時，這樣的自然特性也影響了填海造陸的工法與設計，例如加高回填高程、土壤沉陷監測、改良加密、深層抽水等。雲林海埔地所形塑的海岸自然，也透過其他基礎設施的作業來維持，持續提供工業區位址的功能。

二、海岸自然本體的浮現

藉由上述對於臺灣海埔地開發機構、法規、工程與技術的討論，並以臺灣西海岸分區及其案例，本小節將說明這些異質元素組織成的海岸基礎設施，形塑出的自然本體—海堤、潮間帶海埔地、填海造陸海埔地與生態工法填海造陸。隨海岸治理不同時空脈絡出現的自然本體（表 2-3），彼此並非隨時間而相互取代，而是當時海岸治理主要試圖打造的自然。

（一）海堤

戰後初期，海岸還沒有進入治理的重點層面，即使有對於海岸基

礎建設，大多也是「點」的治理，例如小漁港、防波堤等，並未有大規模的空間設計。雖然早在日治時期的 1937 年起，總督府在嘉義新港、雲林麥寮崙背等地區已計劃圍墾，進行海埔地開發，但後因二戰戰事與終戰，國民政府代表盟軍接管臺灣而告罄。戰後初期海岸作為「整治」對象，較少受到國家關注，也不認為有較高的經濟價值（郭金棟，1991：2）。此外，對於海岸環境沒有先進行「整體」（氣象、海象、土壤、當地經濟與社會狀況等）的科學調查與分析就進行施作，這段期間主要建造的海岸基礎設施即是海堤，主要是為了「防蝕禦潮」，並以陸上的施工機具為主進行施工。簡言之，這個時期還沒有透過整體的科學知識與實作來針對海岸進行施作，且大多是零星的點，大部分區域海與陸的界線仍未清晰。

（二）潮間帶海埔地

　　約在 1950 年代末、60 年代初，關於海岸治理視角也與先前不同。當時科學期刊常以「上山下海」作為易懂的口號，並結合馬爾薩斯人口學的論點，認為人口不斷膨脹，需要糧食的供應，且工業發展亟需遠離會影響生產與生活的用地，無論農或工業，都會影響人口成長與供應、經濟成長等面向（張劻曾，1962a：9-56），一個方式是往山林進行開發（上山），另一個則是開發海埔地（下海），因此海岸成為國家治理人口、讓人口能夠持續成長的重要位址。這項治理思維輔以 1957 年引進臺灣的海岸工程學，爾後「科學創造土地」、與海爭地成為支持當時治理思維的工作。其中一項課題即是「如何界定出海埔地的本體」，並試圖透過科學實踐來達成。當時國家官僚與技術專家運用圖表、儀表等科學計算，在水深 5 公尺的前灘區，透過在平均海平面的「圍堤」，產生潮間帶海埔地（魏仰賢，1972：242-255），

形成類似三角洲、濕地的水陸兩棲空間，但這個階段尚不涉及往低潮線以下的深水區進行「填海」作業。此外，這個階段運用工程機具，並以工作船（包括挖泥船、拖船、打樁船、起重機船、搬運工程用料船）為主，陸上施工機具為輔，分成幾個步驟（築堤攔淤〔海〕、攔沙垣〔陸〕、浚渫），及後續的灌溉排水系統、防風林帶與道路基礎設施（劉鴻喜，1969；1-18）進行海埔地開發。

但海岸工程學實際上無法忽視自然條件，海岸工程學家必須「系統性」認識與治理海岸，所謂系統性並非單指科學步驟，而是除了要處理海岸工程學，也須面對全方面的自然現象、在地人文與跨尺度的現象（如河流漂沙、海流、經濟與社群活動），與各種不確定的狀況與時間變遷相互協商（郭金棟，1997b：1-11）。

（三）填海造陸海埔地

1980 年代起，填海造陸成為海埔地開發新的焦點。相較於將海埔地界定成水—陸混合體，填海造陸則往低潮位以下、退潮時仍在水面下的深水區域延伸。法規上，它訂定出水深 20 公尺內的淺海區是可進行填海造陸的區域，可透過離島式或與陸地相連的方式進行造地。會有這樣思維的轉變是因為與過去潮間帶海埔地主要以農漁業為主要目的相比，工業發展更需要一塊汙染不會影響到沿岸與都市居民的用地，因此「臨海」與「工業」兩個概念被合理地連結在一起，例如六輕即是透過填海造陸來為工業創造出土地，而有別於過去築堤或防水而已（黃申伯，1991：3）。

但這個時期也是環境保護意識興起的時代，對於海岸工程會造成海象與水域空間的改變，以及讓海域被佔領、漁場被破壞而使得仰賴

漁業為生的漁民被迫轉業或失業等課題，產生關注與抗議行動。鑒於工業開發與環境保護雙雙抬頭，此時也開始將海岸劃設分區，例如開發區、保護區等，劃分出不同形式功能的海岸區域（黃清和，1992a：3-10）。此外，因填海造陸大多耗費甚鉅，故大多由擁有大型資本的國家與企業所獨佔利益，運用大型的施工機具進行填海造陸工程，且將各種非人行動者（例如非人物種）視為必須防範的對象，例如設計出防海生物侵蝕的海中結構物（吳建國，1992：10-12；李賢華、宋克義、饒正，1997：1-14）。這個階段的海岸工程學家，不僅要對海上浚挖造地，也要精通氣象、地質、機械、電子、油壓與工管等彼此之間複雜組合，他們大多在實際工作現場培養出專業能力。而填海造陸大型的海中結構物，則作為自然現象與各種海生物的組合的對立面（張石角，1993：3-17；黃申伯，1991：3-7；張金機，1994：1-4；郭金棟，1991：1-3）。

（四）生態工法填海造陸

　　與前一時期強調經濟發展或著重工業用地相比，主要在 2000 年後，填海造陸背後的治理思維已轉變為對於全方面「安全」的保障（郭金棟，1997b：1-7）。因此不僅經濟與工業區用地，填海造陸後的土地能否成為防災、生態與休閒等面向也是海岸工程重點。海岸治理思維的轉變也與填海造陸之於「安全」的保障有關，國土規劃中海岸線的後退成為安全問題，專家也開始認為任何海岸工程其實都會影響海岸的進退，因此海岸治理也進入到國土管理的範疇（黃金山，2000：1-5；黃清和，1999：111-129）。填海造陸成為因應海岸線後退、延緩國土流失，甚至是在新生地興建港口來紓解陸上交通等保障「安全」的方式。專家對於海岸的思維，也不再視為人類與科技能夠

宰制的客體，各種自然現象（風力、波浪、潮汐、海流、河川輸沙）與人為元素（海港、堤防、海埔地）彼此交互作用，形成複雜多變的系統。此外也開始強調生態工法與海岸監測，例如海岸沖淤動態變化之追蹤觀察，或運用與自然環境共生的海中結構物，例如附加藻場機能的生態型消波塊（張瑞欣、林東廷、林琇美，2002：1-19；馬益財，2004：6-16），海埔地也逐漸朝向大型化、深水化來發展，比起60年代在前灘區規劃潮間帶海埔地、80年代在淺水區規劃填海造陸海埔地，2000年前後的填海造陸更進一步深入水域，但並不將自然現象與非人物種視為對立面，或將海水排除在海埔地之外，而是逐漸轉變成「綠色」治理（李賢華、邱永芳、黃茂信，2018：32-52）。

綜合以上四個分期，臺灣戰後對於海岸的治理有以下幾項的變化。首先，在海陸域的關係上，從淺灘到淺水進而到深水，治理的對象從要將「半水半陸」海岸的水排除，轉變到直接在水域創造出土地。海岸的狀態，也從亦水亦陸的模糊狀態轉變成科學意義下的水陸分明，但近幾年在意識到無法宰治自然後，生態工法則轉而思考水陸共生的可能性。其次，機具的使用與資本投入上，也因此從陸上機具為主，轉變到海上機具為主，並隨著空間規模的擴大，主要由擁有巨型資本的國家與企業來投資，例如搭建海上作業平臺進行沉箱堤的作業。第三，海岸工程學、地球工程等科學在1950年代末引進臺灣，被相關官僚與專家群體用來治理海岸；但海岸科學知識及實踐也逐漸轉變，科學家社群意識到海岸並非過去所認為僅只是被科學宰制的客體，實際上科學知識與實作不可能自外於當地場域與脈絡，海岸基礎設施的狀態是跨尺度的專家、當地社群、自然現象、非人物種不斷協商的結果。

表 2-3 海岸自然本體

分析類別＼自然本體	海堤	潮間帶海埔地	填海造陸海埔地	生態工法填海造陸
水陸關係	並未排除水	劃分界線、將水排除	劃分界線、將水排除	劃分界線、建立海陸交織的空間
機具／資本	陸上機具為主	海上機具為主	海上機具為主、大型資本介入	海上機具為主、大型資本介入
科學	海岸科學或地球物理學尚未引入工程調查與設計	海岸科學或地球物理學引入，透過自然與社會現象的分析來掌握影響海埔地的元素	海岸科學或地球物理學引入，透過自然與社會現象的分析來掌握影響海埔地的元素	仍透過自然與社會現象的分析來掌握影響海埔地的元素，但也承認自然的不可知性
發展目的	阻止海岸侵蝕、防潮禦蝕	建立不因自然現象影響漂沙的穩定土地，多用來發展農漁業	建立一遠離在地社群生活的工業用地	工業用地、安全（國土等）用途
代表案例	彰化鹿港崙尾、臺中梧棲漁港	從新竹至高雄永安一帶的海埔地、高雄港第二港口圓沉箱堤	六輕、彰濱、南星計畫	高雄洲際貨櫃中心

表格來源：筆者整理繪製。

　　接下來我將藉由本小節海岸自然本體的分析框架，透過高雄西南海岸的具體工程案例，說明高雄西南海岸基礎設施的特性。

第三節　高雄西南海岸的基礎設施化

一、高雄港十二年擴建計畫（1958-1970）

1. 高雄市旗津所圍的潟湖有日漸縮小的趨勢，1954 年以前主要係由於自然的淤淺，但速度較慢，此後高雄港發展迅速，填海闢地，潟湖縮小的速率反而較快。

2. 高屏溪口附近因有溺谷，數十年來淤積範圍不但未見增加，溪口的寬度反而變大。（石再添。1980：14）

在 1950、60 年代水利與海岸工程專家眼中，高雄港一帶海岸屬於侵蝕型海岸，砂源是高雄溪漂沙，與本章第二節所述臺灣西海岸同時期其他海埔地是透過築堤圍墾，自然沉積來生產海埔地並不同，高雄港十二年擴建計畫是藉由將高雄港內泥沙浚填到沿岸的潮間帶與魚塭而成（圖 2-6）。由於生產海岸基礎設施的相關概念、技術與位址，

圖 2-6　高雄港擴建工程中進行挖泥作業
資料來源：謝惠民，〈高雄港擴建工程〉，1958
　　　　　年 9 月 5 日。高雄市立歷史博物館
　　　　　典藏，登錄號：KH2002.016.020_4。

與其他區域成長型海埔地類似，故本書視為前一小節海岸自然本體框架中的「潮間帶海埔地」予以分析，不過高雄港十二年擴建計畫相比之下也凸顯出其特性。

　　在 1955 年時，當時省政府已有擴建高雄港的聲音，在 1958 年實際開工前，原本已擬定了各種不同的計畫期程，有二十或十年等期程計畫擴建高雄港。主管機關為高雄港務局，經費來源則以美援貸款為主。當時的計畫以「移挖作填」與「以港建港」，希望能創造高雄港更高的經濟效益（聯合報訊，1957）。其中「移挖作填」是指將港內淺海淤泥挖除，填作新生地。後來在 1958 年時，該計畫延長兩年，預計十二年完工，計畫預計分成三期（圖 2-7）。首期的目標是挖除淤泥、填出海埔新生地、修築岸壁與開闢航道（中央日報訊，1957b）。在擴建開工兩年後（1960 年），已填出七百多公頃的海埔新生地。當時省政府授權高雄港務局，讓他們以出租的方式，來開放承租第一期新生地。省政府官員考量：

　　　　一方面高雄港擴建工程的一大特點，即是要利用此筆土地租金的收益，償付部分工程費用，並用之逐步充實港內碼頭、道路及倉庫等設備，達到「以港建港」的理想。一方面是此地點適當的寶貴工業用地，絕不能使之落入私人手中，

圖 2-7　高雄港十二年擴建計畫圖
資料來源：謝惠民，〈臺灣省政府主席周至柔參觀臺灣港務股份有限公司高雄港務分公司〉，1957 年 11 月 11 日。高雄市立歷史博物館典藏，登錄號：KH2002.016.006_11。

而造成臨港土地被少數人操縱的現象。（中央日報訊，1960a）

此外，這片海埔新生地當時也預計分成七個區，分別是工業專用區、商港區、漁港區、中型船舶修造區、油港區。工業專用區以供給大批原料的重工業為主；油港區設於高雄港之東南盡端臨海地帶，即大林蒲與紅毛港交界處，計劃興建油輪專用碼頭，並將石油公司的儲油庫與輸油站全部遷入（聯合報訊，1960）。

擴建時所用的工程機具上，採用攪力吸管式挖泥船，運用抽砂主泵及捲動攪刀，將水下的泥沙與水攪和，合成泥砂水，由船首的吸管吸取後，由接在船尾的輸泥管，採用噴填的方式回填至需填築的範圍。且隨著填築地增加，填築所在的土地也增加，因此將一艘待修的挖泥船改裝成臨時的輸泥中繼加壓站，讓排泥填土能夠延伸往包括高雄西南海岸在內的第二、三期海岸。填築後，泥沙沉澱，尾水流出後，為避免被直接排入高雄港主航道，因此也設置臨時擋土堤，讓排出尾水在填築區域原有的魚塭、潮間帶中得以曲折迴流，讓泥砂水中的泥沙得以盡量沉澱在計畫填築的範圍內。而本書研究所在的西南海岸區域的第三期擴建區域，位在前鎮運河以南，相較之下，沿岸的水面下土壤大多泥質壤土，專家分析不適合用作填築土壤，因此將部分的浮泥疏浚排到外海，並將含砂成份較高的土壤填入現地的魚塭與淺海地區（高雄港務局，1975：179-180）。從上述基礎設施的作業，可以看出高雄西南海岸的生成，藉由挖泥船、輸泥管、含砂量高的壤土、魚塭、擋土堤等異質元素組裝，構成海岸基礎設施的土地。當地沿岸潮間帶泥沙為泥質壤土，不適合用在填築新生地，藉由機具來混合成砂質較高的泥砂水，排填到高雄西南海岸。

　　海埔新生地不僅是人為地將淤沙挖來填海造陸後的土地，若要用作工業用途，它也牽涉到鐵路、道路、給水與供電系統的建立（中央日報訊，1960b）。例如，當時新關好的海埔地，因為尚未搭建各項基礎設施系統，導致乏人問津，沒有工廠想申請進駐；即使有申請，也在等待基礎設施的建立。而不同的基礎設施，也連結到不同的主管機關，例如供電有關台電，油港有關中油，鐵路有關鐵路局。但在當時的擴建計畫中，只是預計將海埔新生地填築出來、或疏濬航道與岸壁建築，而尚未有公共基礎設施的計畫，甚至主管機關只有港務局。

　　作為工業區用途的海埔新生地在對各種的基礎設施的需求下，組織、動員了技術人員與政府單位。政府在 1960 年成立了「南部工業區開發籌畫小組」，由中央與省相關的九個單位組成，先行處理工業區內海埔新生地的道路、水電與排水系統。九個單位分別是建設廳、交通處、公共工程局、行政院美援運用委員會、經濟部工礦計畫聯繫組、交通部運輸計畫聯繫組、台電公司、高雄市府、高雄港務局。進一步來說，它們負責公用設施如鐵路、公路、排水溝、汙水系統、工業用水、工業用電等統籌規劃（中央日報訊，1961）。

　　第一期的基礎公共建設，主要先建築地上工業給水、地下汙水處理與道路等，跟美援機構申請貸款進行（中央日報訊，1963）。第二期工程，重點仍是給水、下水道與道路，但第二期「除了繼續在南部工業區的範圍內埋設地下支幹線水管外，主要的是在澄清湖工業給水廠內增建二座慢濾池及在西甲新建一座給水加壓站。工業區內的高架水塔工程，將在第三期工程內施工。」（中國時報訊，1964）第二期也新增鐵路與電力基礎設施，鐵路部分進行鐵軌測繪，但此時電力工程只先就第一期完成的部分先架設電路，以便輸電；直到 1965 年則

改成要新建發電廠。

　　此外這片新填築的新生地，不僅連結到硬體基礎建設，也連結到相關法規，例如獎勵投資條例。而對於區內土地管理，則將公私有土地一律列入管制（聯合報訊，1966）。例如包含紅毛港地帶在內的工業區新生地，居民新建房屋卻被列入違建。爾後，政府更頒布禁建處理要點，違建者予以拆除與依法送辦。

　　除了硬體基礎建設與法規，海埔地也與國家建設計畫及國際金融援助牽連在一起。例如新生地的土地開發，從高雄港擴建之始即使有賴於美援貸款，但在 1963 年中第一期擴建工程告一段落後，卻遲遲未收到美援貸款的挹注，導致第二期後的工業區的興建，即填出新生地後的土地開發，充滿不確定性（中國時報訊，1963）。在 1963 年間底，才在美援與世界銀行後續撥款下來後，開始進行工業區內的基礎公共建設。

　　而若要用作工業區用途，第一期所填築的海埔新生地並不足，第二期計畫則預計從前鎮延伸到小港紅毛港一帶。但該地在戰後已由當地鄉民承租，用作魚塭，並投資生產。若要將這些魚塭徵收來填築，則需補償承租者。但承租者與政府在補償金上僵持不下，使得擴建工程的第二期無法進行（中國時報訊，1965b）。此外，後來擴建計畫修改為要新開闢高雄港第二港口，因此工業區內分區規劃進行大幅調整，原來規劃成油港區用地的魚塭，一部分改作油庫區，靠近紅毛港的地帶則改為南部火力發電廠用地。油港區的計畫取消後，為使原油進口，則改為在港外修築卸油專用的浮筒設備。此外，也預計增設大煉鋼廠，地點就位在進入二港口後的對面、前鎮漁港的右側。因為海埔地所需工業用電，就當時現有的中部日月潭水力發電廠已不足以供

應；此外，楠梓的高雄煉油廠原油若要南送，則因距離與安全而徒增成本。因此，就這片新填築的海埔新生地若要用作臨海工業區，則需自行產電，以 1960 年代而言主要以燃油發電，所以亟需在區內建立發電廠與煉油廠，後技術官員商議建立大林蒲煉油廠與大林火力發電廠（聯合報訊，1965a）。將高雄西南海岸一帶魚塭用地，將之填築用作煉油廠與發電廠。海埔新生地要建立在這些基礎設施之上才有工業區的發展與經濟效益，也影響了政府面對當地鄉民的態度。

此外，政府當時甚至商議將全臺第一座原子（核能）發電廠，設立於大林發電廠，考慮將火力發電廠易地興建。1965 年時，北部林口已有燃煤為主的火力發電廠，所以預計將大林蒲發電廠建造為原子發電廠，但大林發電廠會先以燃油為主，此後逐步改建為原子發電廠，並聘請美國顧問評估。會考慮將大林發電廠燃料設定為原油，是因為臺灣北部有產煤，可就近運輸到林口；但若要運送到南部，則會增加鐵路運輸的負擔。在幾經討論後，於 1966 年決定的第三期擴建計畫中，納入了二港口開闢計畫、大煉鋼廠與發電廠設置計畫，並預計在油港區與工業區之間開闢運河，來避免油港區發生意外時影響工業區的安全（中國時報訊，1967a）（圖 2-8、2-9）。

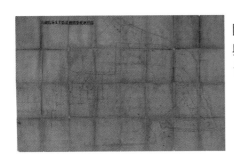

圖 2-8　臨海工業區規劃，將原先魚塭與潮間帶填築成海埔地
資料來源：作者不詳，〈高雄臨海工業區後期開發規劃總圖〉，年代不詳。高雄市立歷史博物館典藏，登錄號：KH2020.019.0350。

圖2-9　高雄港擴建工程將舊有航道中的泥沙挖起移填

資料來源：謝惠民，〈高雄港擴建工程〉，1958年9月5日。高雄市立歷史博物館典藏，登錄號：KH2002.016.020_3。

　　高雄港第二港口的開闢，同其他海埔地等海岸工程，經過調查、分析、試驗、計劃等，決定在高雄西南海岸的紅毛港與旗津中洲附近開闢航道，該海岸工程計畫也涉及填地工程。當地地形為一沙洲，1967年動工後，為了穩定航道的水深與港內水面的穩定，在開闢後的沙洲南北側興建防波堤（圖2-10、2-11）。防波堤採用兩種構造，一是菱形塊護面拋石式防波堤，運用在淺水區域；另一則是沉箱式防波堤，運用在水深大於3公尺的區域。此外，也將工程挖出的泥沙填築至南堤外側，形成新生地並興建護岸。

圖2-10　泥沙挖起並填築到魚塭使其成為海埔地

資料來源：謝惠民，〈高雄第二港口開工典禮〉，1969年3月15日。高雄市立歷史博物館典藏，登錄號：KH2002.010.177_3。

圖2-11　高雄港擴建工程挖泥作業

資料來源：謝惠民，〈高雄第二港口開工典禮〉，1969年3月15日。高雄市立歷史博物館典藏，登錄號：KH2002.010.177_1。

　　第二港口的海岸構造物，與當時臺灣西海岸各地港口防波堤採用的方沉箱式不同，而是圓沉箱式深水防波堤，為當時全臺首次採用。製作上，在當地沙灘上建造沉箱渠來澆製完成沉箱，並挖泥下水。下水後的沉箱以船拖至計畫設置防波堤的區域安放，在拖放沉箱之前，先將計劃放置箱址的海底泥沙沖平，再進行拖放及填充海砂入內，使其自然沉陷。圓沉箱兩側，需拋石保護沉箱基礎，在經過至少一颱風季的自然沉陷後，再澆灌堤面胸牆（高雄港務局，1975：199-208）。

　　綜上所述，高雄港十二年擴建工程所形塑的海埔地，作為海岸基礎設施，提供大型工業區開發的用途。其自然本體的系統，組織起技術官僚、跨政府部門、管制法規、國際金融援助、能源設施、工程機具與各種泥砂土壤。有別於其他潮間帶海埔地運用圍堤使泥砂自然沉積，高雄港十二年擴建計畫則是在潮間帶或魚塭進行填海造地的施作，透過異質的工程與制度進行，有些甚至在填築前先將潮間帶泥質壤土排除。而第二港口開闢所打造的海岸，也採用當時新興的「圓沉箱式」海堤結構物，並將開闢港口疏浚的泥沙填築到南堤南邊的外海，填築出新生地並興建海堤。

　　這個時期擴建工程的基礎設施作業，產生了另類的人與非人物種互動的海／陸空間，也形塑了居民對於海岸的想像與道德評價，連結到這時期海岸基礎設施「潮間帶海埔地」的網絡中，接著在第三、四章的民族誌故事會再闡明。

二、南星計畫（1980-）

　　這一小節將以海岸自然本體框架的「填海造陸海埔地」來分析南星計畫，並簡要說明與臺灣各地填海造陸的差異。

　　第二港口開闢後，為了要安定航道，因此在第二港口南北兩側設置防波堤，專家推測北提北邊的旗津中洲一帶將受侵蝕，南堤南邊紅毛港外海則會淤積。原先大林蒲、鳳鼻頭海岸沙灘逐漸受到海浪沖蝕，起因則是因為二港口的開闢改變沿岸漂沙的方向，再加上來自高屏溪的泥沙來源減少所致。在 1974 年當時的《小港鄉大林蒲地區都市計劃說明書》中，將大林蒲至鳳鼻頭一帶外海沙灘規劃為「保護區」，寫道：「本計畫之濱海地區，歷年受海濤沖蝕之情形頗為嚴重，不適建築使用，乃將此沿岸地區設為保護區俾限制發展並供防海堤建築使用。」（臺灣省政府建設廳公共工程局編，1974：5）都市計畫也寫道，由於周邊一帶臨海工業區的建立，當時有越來越多外來人口遷入大林蒲地區，可指望該地日後成為工業區旁的住宅區繁榮起來。從都市計劃的描述中，可見到對於高雄西南海岸外海海濱並未有目的性的填海或攔淤等積極作為，而是劃分成保護區，且是保護居民身家安全而非自然環境。

　　但是在 1970 年代，大鳳地區外海一側的海岸，因附近工業區時常會傾倒工業廢棄物，或者被清運業者傾倒廢土，使得海岸成為充滿廢棄物形成的海埔地。有次從年輕時就住在鳳鼻頭的紅伯那邊聽到類似的描述：

　　　　後來我拿手機找了之前這裡的照片給他看，有張還看得到沙灘地，上面有十來艘船筏，看得到遠處帶有樹叢陰影的鳳鼻頭山丘筆直地延伸至海中。紅伯說這是之前這裡的照片，「以前也沒有幾艘在捕魚，大概十艘左右而已，大林蒲也不多。」我問他照片中的船筏好像跟現在在漁港看到的不一樣，他說照片的是這一種（指了他的船筏旁邊的小船，構成

船筏的管子明顯比較細且矮，體型小很多，也只有搭載小座馬達）。以前還沒有漁港以前都是這種，「要好幾個人拖才能下海，」後來有漁港後才有比較大的，有馬達比較好的。

　　我也找了南星計畫之前的照片給他看，他說這是一開始在填的時候，那時候工廠都把廢土直接倒在海裡，後來才蓋了一個圍牆成為海堤。我問說照片中釣魚與插在海面的管子，他說那些很多是養蝦的，「草蝦、什麼蝦都有養。」（田野筆記，20190814）

在被廢土傾倒的大鳳地區外海一側海岸，居民用來往外填築土堤，填實之後用來當作養殖魚塭，或至少土堤也減緩因海濤侵蝕所產生的泥沙流失。

高雄市升格為直轄市，小港鄉被劃入高雄市的範圍，但鑒於工業的蓬勃發展，亟需廢棄物的處理空間，市政府在 1980 年代起在當地規劃「大林蒲建築廢棄物掩埋場」。但後來也有除了建築廢棄物以外的工廠海拋廢棄物，例如中鋼的爐石與台電的飛灰。這些海拋的廢棄物沒有海堤圍住，造成沿海漂沙與漂流廢棄物。因此在 1988 年市政府推出「大林蒲填海計畫」，改以掩埋的方式處理，希望達到「創造新的海埔新生地、易於管理防止公害、收受事業廢棄物代處理收費可充裕財源。」（高雄市政府環境保護局，1987）。在這份事前的「大林蒲填海計畫」的報告書內，清楚顯示了南星計畫前身的「大林蒲填海計畫」背後的思維並非以創造海埔新生地為主要且最明確的目標，而是以能夠收受工業發展時所產生的廢棄物為標的。可見，海埔地的建立並不一定由始至終都是有清楚的發展目標，而是因應當下治理的思維所產生的暫時性結果。

在大林蒲填海計畫進行的當時，臺灣已經興起環保意識，針對大林蒲填海造陸的規劃，行政院環境保護署對此也進行審查。在 1990 年的〈行政院環境保護署審查「大林蒲填海計畫環境影響評估報告」結論〉中，環保署回覆高雄市環保局以下事項：

二、本案經本署邀集有關機關、學者專家組成審核小組，作成綜合審查結論如下：

（一）現有廢棄物處理場應儘速興建海堤，以免砂土沖刷漂流，影響高雄港二港口航道安全。

（二）本計畫對海岸地形影響之水工模型平面試驗，應於計畫實施前進行。

（三）紅毛港遷村計畫應速擬定。

（四）本填海計畫土地利用方式應速確定，以配合擬定都市計畫。

（五）現有「大林蒲」及「邦坑」班哨宜於填海造陸計畫實施前搬遷，以免影響海岸監控作業。

（六）本區居民如以地下水作為飲用水源，則需補充現有地下水資料，未來監測地下水質時，亦應依據飲用水水質標準加以檢測。

（七）魚貝類重金屬累積及漁業資源應長期監測，專業研究。（行政院環境保護署，1990）

填海造陸計畫被納入到環境影響評估的機制當中，填海造陸的本體及其作用，需要透過科學的模型加以監測與控制。此外，也透過海堤來界定出填海造陸的界線，防止漂沙與漂浮物的影響。

　　大林蒲填海計畫分為近程第一、二期，第一期從 1990 年開始，1991 年填築完成，第二期因移交高雄港務局而停工。但在 1994 年高雄市政府開始進行「南星計畫」，並將大林蒲填海計畫納入，成為其近程計畫。中程計畫則分為兩區進行：1995 年第 I 區動工、2000 年完成填築，第 II 區分成兩階段，第一階段在 1998 年動工、2008 年完成填築；第二階段於 2008 年開始填築、2012 年完成（高雄市政府環境保護局，2019；張欽森，2019）。

　　南星計畫填海造陸基本上是臺灣剛開始進行填海造陸的階段，並未將非人物種與自然現象視為共生的關係。例如南海外圍的海堤，堤趾水深達 -8 公尺，投放有消波塊，但近年不斷傳出有消波塊流失，甚至海堤崩裂（程啟峰，2016）。相關單位計畫要在海堤之下平臺，提供藻類與魚群得以棲息的空間。此外，因應南星計畫而將高雄西南海岸外海一側的船筏集中到鳳鼻頭漁港，該漁港四周也有投放消波塊。附近無沙灘，故高雄市政府工務局也計劃在附近拋放消波塊，形塑人工淺礁，提供魚、貝、藻類與蝦蟹類棲息空間（高雄市政府工務局工程企劃處，2006）。

　　南星計畫與 1990 年代同時期的「填海造陸海埔地」相比之下，其工法並非水力抽砂回填，而是將建築或工業廢土作為土方來源。在海岸工程學領域，這個做法是較為生態且符合永續發展的，將廢棄物再利用而非棄置（余明山，2008；洪福龍，2008：34）；但在部分居民及環境 NGO 組織立場，它可能會汙染了海岸生態。此外，比起其他填海造陸有目的與計畫性，南星計畫一開始並未照著上述章節有關填海造陸的規範進行，而是因廢棄物傾倒偶然地形成。而南星計畫的海堤崩陷與消波塊流失狀況，凸顯了與其他同時期填海造陸（如六

輕）相同的處境——從調查到施工階段並未將非人物種與自然現象視為共同合作的行動者，在海堤設計上也是採用隔絕的方式。近年相關單位也開始有呼聲，認為應以生態工法將附近海域改造成岩礁的生態系。

在本書的第四章，我會以南星計畫、鳳鼻頭漁港的採集實踐進一步探討海岸基礎設施偶然地與非人物種連結、組織成的異質系統。

三、生態工法填海造陸——洲際貨櫃中心計畫（2007-）

這一小節我會以海岸自然本體框架的「生態工法填海造陸」來分析洲際貨櫃中心計畫，尤其是海岸工程有意識地將非人物種與自然作用力納入海岸的打造。

洲際貨櫃中心分為兩期進行，第一期工程從 2007 年開始，主要工程包括浚挖工程、大林外海填方區圍堤工程等造地工程，已經完工；第二期工程從 2012 年開工，填海造地相關工程於 2017 年完工。洲際貨櫃中心發展的目的，是希望能將舊港區石化業、中油石化儲油槽遷移至此，並建立現代化物流與貨運中心、散雜貨作業深水碼頭，與提供大型貨輪停泊等。

在填海造陸工程上，洲際貨櫃中心第二期的海堤、岸線與填土等三方面，均有採用近年海岸工程生態工法，程序上分成外廓防波堤、碼頭護岸及浚填工程、新生地浚挖填築等。在外廓防波堤工程上，採用沉箱堤設計，並將傳統填海造陸海堤的胸牆改至內側，分成景觀階梯式胸牆與海堤回波牆，兩者間隔設置。這種設計是考量到波浪此一行動者的動態過程，不以直面阻擋，而是藉由回波牆與階梯式胸牆，達到防止波浪越波、降低衝擊波壓與減少沉箱堤本身斷面尺寸等效

果。且較以往傳統填海造陸海堤阻絕人們親近海岸，階梯式胸牆設計上也較具親水性。而在岸線的碼頭與護岸上，也採用沉箱堤的方式，但在設計上有別於以往填海造陸的工法。

早先填海造陸運用沉箱堤，其沉箱間隙是以石籠直立式拋石之類的方式，造成背填土方流失。海岸工程與施工計畫認為，因為「未考量沉箱縫隙長時間乃處於變動性受力狀態（波浪、海流），直立式防漏設施在施工中無法穩定，在背填沙回填時沉箱縫隙仍無法密合，故無法發揮防漏功能。」（羅勝方、張欽森、簡得深，2017：119）因此，洲際貨櫃中心的沉箱堤工法設計上，採用柔性工法，考量自然波浪等因素作用力，設計可因應外力變動的彈性，例如在沉箱交界處，以濾石層保護堤後土方，保留透氣空間，宣洩如波浪等外力造成的波壓。且考量仍有可能造成濾石層流失的狀況，沉箱堤面設計有可供吊移的方塊，以便維護與抽換。

另外也採用生態工法，在岸線靠海一側的沉箱堤，設計設置「消波艙沉箱」（羅勝方、張欽森、簡得深，2017：121），減低船擊波衝擊岸堤；消波艙內部周遭可形成藻類與魚群遮蔽與棲息空間，與以往填海造陸的岸堤斷面及投放傳統消波塊，阻擋藻類與其他非人物種的棲居的設計不同。而在浚填工程上，土方來源有外海取砂、港內例行性浚挖土方及外來土方（如鐵路地下化的沙土）。除有考察外海取砂的環境，如地質、海流、波浪、土壤與魚群生態，也回收高雄港歷年浚挖與其他陸上工程的土方，達到避免將這些土方往海洋棄置的環境衝擊。

洲際貨櫃工程填海造陸計畫，反映了 2000 年後講究「生態工法填海造地」的呼聲，但在海岸結構物的設計上又不僅考量非人物種，

也將非人的自然活動視為動態而與之互動的行動者，納入到設計、施工與後續維護，例如消波艙、回波牆與階梯式胸牆、柔性的樺間濾層等。這些做法呼應近二十年的填海造地的企圖，將非人物種與自然現象組織進網絡中，共同提供海岸基礎設施的服務。

第四節　小結

本章從機構、法規、工程與技術的角度切入，探討基礎設施的作業如何將異質元素組織、形塑自然本體的過程。並透過不同海岸本體的分析框架，重新理解高雄西南海岸從戰後至今的海岸基礎設施生成過程及其特性（表 2-4）。

1950 年代起，因應人口與經濟發展的需要，政府提出「上山下海」的口號，企圖將沿海水深 5 公尺的淺灘地轉化成國家可以取用的自然位址，並透過甫引進的海岸工程學、整合各海埔地開發機構、測量與分析一切自然現象、設計海中結構物與施工，試圖將水／陸混合的潮間帶固定下來。高雄港十二年擴建與二港口開闢即是這時期的海岸工程，同樣連結到不同法規、機構與物質實作，使得原先海底泥質壤土被挖除，許多當地漁業活動難以為繼。而為了要維持創造出來的新生地，需要各尺度的機構、官僚、專家，以及海陸域的施工機具共作，希望能將水從海埔地排除出去，固定它的狀態。1970 年代起，因為工業發展的需要，希望在近濱區、離岸的區域直接創造出土地，因此在水深 20 公尺的淺海區都是可以進行填海造陸的空間。

比起前一個階段的海埔地開發，此時環保意識的興起及環評法規的制定，使得填海造陸必須經由環評會議的審議，牽涉到一系列的規定與監測技術。在高雄西南海岸的南星計畫即是一例，不過該海岸工

程並非自始至終都有一明確的建造目的，例如像六輕填海造陸有發展工業區的目標，南星計畫從建築廢棄物及工業廢土的堆置地點開始，到後來國家希望開發成工業發展使用的空間，才開始透過資本與大型機具來進行填海造陸。南星計畫此一填海造陸工程，在環評的場域中不斷協商，海岸基礎設施在這協商過程中被形塑出來，居民的沿海採集活動也出現另類面貌。而高雄港十二年擴建計畫時設置的圓沉箱堤、南星計畫的直立式斷面海堤，或者洲際貨櫃中心的沉箱樺間濾層或消波艙等，也在高雄西南海岸持續與藻類與魚蟹等非人物種與波浪等自然現象相互作用，源自發展意圖或偶然互動產生的結果，將非人元素連結到海埔地的異質網絡。

表2-4　高雄西南海岸自然本體

分析類別＼高雄西南海岸	高雄港十二年擴建計畫、第二港口	南星計畫	洲際貨櫃中心計畫
時代	1958-1970	1980s-	2007-
自然本體	潮間帶海埔地	填海造陸海埔地	生態工法填海造陸
水陸域	劃分水陸界線	劃分水陸界線	水陸共生
工程特色	挖除底泥、圓沉箱堤	土方來源：廢棄物、消波塊、廢棄輪胎	柔性樺間濾層、消波艙、回波牆與階梯式胸牆
空間	五粒仔、第二港口防波堤南堤	南星計畫、鳳鼻頭漁港	陽明海運貨櫃下方的中空水域

表格來源：筆者整理繪製。

　　上述這些海岸隨著不同脈絡海岸治理思維與基礎設施作業所形塑的海岸基礎設施，不斷地與各尺度異質行動者協商，也涉及多樣社群日常生活的互動，接下來的第三、四章將會探討說明。

第三章　遷移變化的海埔地：動員行動者形塑自然本體

第一節　前言

近年來基礎設施的人類學開始關注基礎設施的本體及其效應，基礎設施並非只是被人為地製造出來的大型技術物，而是一關係建立與存續的網絡。其本體的界線無法清晰地指認，且透過組織異質元素的技術，形塑可供發展用途的自然。自建立起及其後，基礎設施不僅作為客觀存在的事實，安置在自然之上，而是在異質行動者的連結中，動員專業知識與行動者，維持其可能性。而自然作為基礎設施，人類需要透過認識與管理自然，來達成服務於特定社群、政治與意識型態的治理目的。規劃者藉由不僅物質，也包括動員知識與論述等行動者，來治理海岸。

高雄西南海岸沿海泥質灘地如何變成港口或人工海岸「基礎設施」的一部分，牽涉到高雄港十二年計畫、第二港口開闢、南星計畫與近年的洲際貨櫃中心等不同脈絡的基礎設施作業。專家與官僚試圖界定灘地、港區與填海造陸「土地」的性質，但這個區域並非無人活動、真空的空間，而是在地居民活動的場域。由行動者在各種場域中動員科學知識與論述、常民日常經驗，共同交織在基礎設施過程中。關於「海岸土地」的環境論述與爭議，展現了這個動態的協商過程。

綜上所述，本章希望討論的是，從過去研究將海岸當作是社會生活的背景，轉變成將人工海岸視為自然的基礎設施化的過程，海岸作為基礎設施，它如何在不同時空脈絡中，動員專業知識與不同行動者，而得以建立與維持？並且可如何理解海岸基礎設施的本體及其政

治作用？

　　首先，我會從居民對於海岸形成及變遷的描述，指出居民對於海岸環境變遷的認識實際上與國家對於自然的認識論與物質施作有關，且應放在看似已經完成的海岸開發計畫及正在進行的填海造陸計畫的脈絡中來理解居民的感知。其次，我將透過不同方對於海岸的認識，指出海岸並不是外在於時空脈絡之外，而是在當下情境中不同尺度的行動者不斷地協商，海岸變遷的論述是一種宣稱，連結到記憶、渴望與土地所有權。第三，我將描述幾個場景，呈現人工海岸創造出的協商場域，在這些場域中居民與國家治理代理人彼此動員在地經驗與專家知識進行協商。海岸的人工化在空間上產生治理的「縫隙」，20世紀中葉起在高雄西南海岸的發展計畫，創造了各種治理空間，可能處在在地原有社會網絡的治理之內或外，新生土地也連結了非在地、跨尺度的行動者，這些溢出在當地治理之外的新生地成了各方想像與爭議的空間。

第二節 「土地怎麼來的？」——
高雄西南海岸形成論述與爭論

　　高雄西南海岸從原先泥灘地轉變到海埔地的過程，與各尺度社群、治理者與專家如何理解與論述有關，尤其展現在對「土地」的爭議上。海岸作為基礎設施，各方對於土地的知識與論述並不僅止於客觀描述，也連結到基礎設施的系統，與物質或行政管理等其他元素鑲嵌。在這一節我將透過居民對於海岸土地由來與土地所有權的「描述」，說明當今在地社群對於土地所有權的表述，實際上與他們如何理解「海岸土地怎麼來的」有關；土地由來的描述與基礎設施系統中

其他行動者（如專家、官僚）的論述反覆協商，產生環境論述與爭議。

1950 年代末，隨著高雄港十二年擴建計畫起，開始將附近內海淺灘地填築起來，供作臨海工業區的用地。在此之前，有些淺灘已被居民圍築成為魚塭；也有些圍築起來的淺灘慢慢陸化後，在地居民乾脆將它填築成陸地。近幾十年來，先是紅毛港在約十年前左右遷村，近五、六年關於大林蒲與鳳鼻頭一帶也要遷村的消息也越來越多。在這樣的情境下，居民們開始討論土地所有權的問題，因為這牽涉到遷村賠償。在不知何時會發生的遷村情況下，土地所有權成為家家戶戶關注的話題，也使居民回憶起高雄西南海岸的由來。

> 靜悅跟我分享說住在大林蒲與鳳鼻頭這邊的紅毛港人現在要二次搬遷，但其實紅毛港與包含大林蒲在內的沿海六里，遷村的原因不太一樣，前者是因為那邊是港務局用地，要用來做工業開發，後者則都是私有地，是因為汙染才要遷村。總之大林蒲遷村其實是紅毛港的遷村延伸出來的結果，原本紅毛港的土地要被開發成第六貨櫃中心了，影響到沿海六里。（田野筆記，20180122）

靜悅一家人住在鳳鼻頭，以前父祖輩是開碾米廠的，爸爸曾當過里長。與靜悅抱著一樣看法的居民不少，認為高雄西南海岸的土地所有權有差別，這個想法與他們所感知的海岸變遷的過程有關。近年來當地的遷村情境中，在地社群對於土地由來與所有者的關係被凸顯出來，並劃清界線。對於靜悅而言，目前紅毛港一帶的海岸土地是港務局所有，是國有的；相較之下，大林蒲與鳳鼻頭等沿海六里則是自古以來就是私人土地。但海岸空間的國有／私有所有權劃分，不一定

有清楚的界線，也無法單單由上而下透過法律定義——當地海岸土地所有權實際上充滿爭議，牽涉到長久以來當地海岸「地形」打造過程中，專家論述與居民日常經驗的協商。

但廣義來說，海岸人工化並不是戰後才有，以前的當地居民時常在海陸之交從事生計，就有改變淺灘的行動。阿花嬤是大林蒲非常在地的居民，她現在已經 70 幾歲了，年輕還沒結婚前，是住在紅毛港那邊的老家，結婚後才來到大林蒲居住。她時常在清晨時候，一個人穿過南星計畫填海造陸的新生地，去到海邊游泳，她說以前都是這樣子的。但這幾年因為南星計畫禁止進入了，她就到現在大林蒲消防局後面的空地上自己用盆栽種菜。有次午後我去到她透天厝的住家，剛好她在客廳揀菜葉，她描述這附近淺灘的改變：

> 現在台電大林發電廠的那片土地，以前都是魚塭，阿花嬤說居民是在淺灘地上用土去堆砌，堆得「堅固得跟牆壁一樣」。一開始是弄成魚塭，後來久了「反正都是海，也沒人在管理，所以有些就都填成陸地。」後來台電要徵收那塊地，這些先前有魚塭、將淺灘填成陸地的居民就意外地領到很多錢。阿花嬤說：「所以說紅毛港五個庄裡，埔頭仔是最有錢的，有魚塭的通常都是比較有錢的。台電徵收給他們錢後，因為大家都是捕魚的，拿這麼多錢也不知道怎麼用，就去小港、林園、屏東那邊買地，在那邊做魚塭，後來有些也都填平，圍起來賣地。」（田野筆記，20190730）

海岸有人為的施作不是從戰後才有，而是長久下來居民慣用來作為魚塭的空間。從阿花嬤的描述中，知道早先居民常自行在淺灘上作

業，不過海與陸的交界並不明確，有時候會是海，有時則是陸地，後來才都填成陸地。被徵收的土地，原先也是居民無償填出來的，用作日常生計的魚塭，在土地徵收時比較能領到錢。可見原本當地海岸就存在人工化的過程，主要是在地居民生計用途，但像是台電與中油要在灘地上設廠，這片海陸域才有國家資本的介入與轉換。

不過，因在地活動所以淺灘轉變成陸地，對於國家治理而言，居民不一定可以宣稱對於這片新生地有所有權。但另一方面，國家將淺灘或魚塭填成海埔新生地，居民普遍都記得這個時期的轉變，在大林蒲開麵店的邱姐有次說：「以前中油那邊應該是農田，對，是農田；中鋼那邊以前也是農田，台電那邊好像是魚塭、是海，後來填成海埔新生地的。」（邱姐訪談，20180723）由此可見，國家的海岸治理，一方面轉變物質環境，另一方面也將其所有權轉變為國有。但居民對淺灘地的填土行為，卻不代表所有權是私有，反而因為沒有去登記，影響了後續關於土地的權益。柯桑是前台電員工，大半輩子都住在大林蒲，從台電退休後就從事二手機械的拆卸與拼裝。前幾年在地的環境抗爭風起雲湧，他常前往各地抗議。有次在他家客廳，他描述了還是自然海岸時的生活樣貌，以及當地海岸的變化。

柯桑強調，「有農、海產、交易，大林蒲才繁榮。」這邊很常是「家族性投資，兄弟姊妹集資造一條船，兩、三年就回本了。」柯桑的阿伯從事牽罟，丁香魚在雨季的時候，一天可以捕撈到兩千斤，一斤10塊錢，那時候做工一天也才10塊。不過後來阿伯不想冒風險，後來賺錢後就做魚塭。以前在內海，在地人很常用石頭去圍，再用土壓，硬了再蓋房子。不過很多紅毛港人當時沒有去登記，所以後來遷村時就

很吃虧。（柯桑訪談，20180815）

高雄西南海岸變遷的作用力，有許多方交會在一起，如上述在地生計用來建造魚塭，也有因需要建立臨海工業區，而填築的海埔地。這兩種方式所建成的海岸是不同的本體，建造魚塭並未劃清清晰的海陸交界，但經由專業技術所建立的海埔地卻是排除海水的海岸土地。其中，不同技術也牽涉到土地所有權的權利宣稱。

柯桑有一套理解在地海岸變遷的說法，他與其他居民感知海岸變遷方式，也會透過環評委員等專家的專業知識與權力論述來理解海岸變遷的起因與後續結果：

> 他說大林蒲這邊本來是個農業社會，鳳鼻頭下來到平原的大林蒲這邊，都是田地。他說有次有位環評委員說，這邊的地質都是沙洲，所以柯桑推測說高雄港原先只是港灣，而從高屏溪沖刷的泥沙一路從鳳鼻頭到大林蒲、紅毛港與旗津，形成了一片沙洲。現在旗津海岸內縮的情況，應該是因為填海造陸的結果。而他也猜鳳山是否從海下突起，因為在地最現成的建材就是珊瑚礁、石灰岩，在地古厝的圍籬常用這種建材，常看到貝殼外露，所以他推測這些建材源頭的鳳鼻頭應該是從海底浮上海面的。（柯桑訪談，20180815）

環評委員對於海岸地形的解釋，在柯桑的論述中現身，顯見專家的科學解釋對於居民如何理解海岸環境的改變有其重要性。專家知識認為當地地形是沙洲，柯桑據此推測從高屏溪沖刷的泥沙成為紅毛港、大林蒲與鳳鼻頭的海岸。這建立在沙洲的認知上，現今旗津等地

的海岸內縮，被當作是出自沙源減少，因為填海造陸改變海岸地形的
結果。

國家對於自然環境的改變，不僅是滲透在居民對自然的認識，也
透過物質的實踐劃分界線。像是打造潮間帶海埔地或是填海造陸，都
在時間、空間、所有權、想像與基礎設施等面向上劃分出界線。有次
坐在洪里長的里辦公處聊天，他向我描述大林蒲這附近早先的土質：

　　洪里長以大拇指與食指捏起來的手勢說：「這裡的『田
頭』（tshân-thâu）很特別，土有點黑黑的、黏黏的，很適合種
稻米。」他說，若是沙地則能種芒果、香瓜、地瓜之類的。
（田野筆記，20190817）

但是在南星計畫開始填海造陸後，土壤改變，一些相關的基礎設
施如馬路也出現。「洪里長說南星計畫影響很大，在這之前本來沒有
南星路、龍鳳路，那一大片都是田地，種些稻米、甘蔗。」（田野筆
記，20190817）填海造陸的影響也可能以劃界的效果呈現，在地的農
業與土壤轉變，或道路的出現，都與國家進行海岸工程有關。

可以看到，不僅專家知識出現在柯桑對於在地環境改變原因的理
解，且如上所提到的土地所有權與基礎設施在各面向的劃界，都牽涉
到國家治理如何透過知識與物質實踐來打造地形，這些知識與物質實
踐蔓延到在地居民對於環境的認識中。在下一節我將說明，這些認識
也促發居民當下的行動。

第三節　未竟的海岸起造？

如第二章所述臺灣海埔地的發展脈絡，日治時期 1942 年起雖已有小規模海岸工程的調查與施工，但在 1957 年海岸工程學引進臺灣（郭金棟，1997a：4-6），之後海埔地開發機構的試圖整合、工程專家整體的調查與研究，逐漸對海埔地的認識、分析、設計與施工形成一套具組織性的技術，組裝起海岸基礎設施的網絡。高雄西南海岸從 1950 年代末起，也透過上述「基礎設施的作業」，潮間帶海埔地、填海造陸海埔地等各種自然本體相繼出現。

在這一節，我將以「南星計畫」工程為例，以關係性的角度來理解在高雄西南海岸的工程與變遷，包括各方對發展的想像與期待。本節分成三個層面分析：第一小節我將居民、政府機關、治理代理人、專家出發，探討鑲嵌在南星計畫填海造陸的系統網絡的不同行動者對「發展」想像與作業可能會牽動彼此的關係與情感。第二小節則透過南星計畫的環評場域，說明人類行動者依其想像與渴望，不斷形塑海岸基礎設施的狀態；然而網絡系統相連的自然現象所促發的物質效應，也使得海岸基礎設施具有人為控制之外的特性，成為人類行動者必須回應的環境實體。第三小節我則聚焦哪些種類的科學知識在海岸基礎設施化的場域中被動員，彼此時而互斥時而協作。

一、想像載體

在南星計畫開始往外填土前，有沿海居民會在因第二港口開闢時浚挖回填所形成的靠外海一側灘地上從事養殖，當時他們沿著海濱搭建起來的鐵皮廠房，如今許多已經棄置，或轉作其他用途。沿著這一帶，有一條龍鳳路，在南星計畫之前並沒有這條路，這附近的三、四

層樓的住家也都不存在，只有一片面向外海的沙灘。縱使 80 年代工業廢土往此地傾倒，沿著沙灘與近海中仍豎立著塑膠管，用來養殖。不過到了 90 年代，政府公布要在沿著紅毛港、大林蒲與鳳鼻頭一帶進行填海造陸，名為「南星計畫」，用作後續開發。部分在地居民認為在填海造陸的新生地附近買房子，爾後一定能大賺一筆，便帶著這樣的預期心理在還沒填築的沿海置產，蓋起樓房，不過後來發展卻在他們意料之外。柯桑一家人是大林蒲人，也是那時候新買靠近南星計畫沿岸的土地蓋房。

> 「原本要靠南星計畫來做觀光，因為本來南星計畫預定要把紅毛港遷過去的。」柯桑本身當初買這塊地蓋現在住的房子的原因，就是以為紅毛港、水產業學校等會遷來南星計畫，當初很多人都預測這邊會發展，結果後來沒有遷來。「國家政策把一些聚落弄死，」柯桑還記得 50、60 年代徵收土地說明會時，官員說服大家說工業地「一公頃可以養活幾百個家庭，用作農地一甲地則養不了多少人。」柯桑說，錢賺很多沒錯，但搞壞環境，錢也都是外地人賺。他氣憤地說，現在丟出遷村議題，在地什麼都停擺，基礎設施也都沒有。還聽說以後要把這邊當作循環經濟特區，本來紅毛港那塊地被規劃成洲際貨櫃中心後，之後聽說還會有石化轉運站。（柯桑訪談，20180815）

填海造陸的土地作為技術系統，自尚未形成前，就是各方投以想像的載體。國家投以「發展」的想像，水產業學校、洲際貨櫃中心、循環經濟園區與石化轉運站等，居民也對於這塊新生地投以聚落未來

發展的想像，但進而落空。自然基礎設施中介在高雄西南海岸在地社群與國家之間，各方在填海造陸海埔地尚未完成即投以發展、對未來的想像，卻也成為爭議所在位址。像是南星計畫原本規劃成紅毛港遷村用地、水產業學校，所以當地人預期可以藉此發展觀光而在附近買地蓋房，後來才發現希望落空。柯桑批評國家政策時常透過土地規劃治理來發展，但反而讓在地聚落衰敗。海埔地不斷作為開發計畫的物質標的，但長久以來在地居民可能投以懷疑眼光，因為國家進行海岸工程計畫時常提出美好的發展藍圖，但曠日廢時的海岸工程不僅遲遲未完工，海埔地所搭載的發展想像也未實現，居民逐漸認為國家治理失信。

事實上高雄西南海岸長時間下來的各種海岸建設，也作為居民解釋生活狀態與未來發展希望的原因。參與過紅毛港文化協會草創期的飛魚叔，在當年確定紅毛港會遷村之後，就開始尋根，盡可能把紅毛港的歷史原貌留下。有次坐在他小港的辦公室，他分享早先高雄港第二港口的開闢，在旗津與紅毛港中間建造一個航道，讓大型貨輪能夠進出，但這種為了開發進行的海岸建設，使得在地居民賴以為生的生計消逝，後來也越來越多汙染。

飛魚叔也提到二港口開闢。他說二港口開闢下去，紅毛港人賴以為生的內海就沒了，不僅生活環境沒了，台電煤渣不斷汙染紅毛港環境，因為台電直接架設橫越天際的燃煤輸送帶，橫越紅毛港上空。而且也沒有技術轉移的補助，生活不下去，起來抗爭是遲早的，都是積了很久的。（田野筆記，20180130）

　　為了將海岸轉化成基礎設施以便提供發展用途，工程往往施作在原先居民生計活動的潮間帶區域。但這些既有自然不是真空的空間，而是在地居民生活的場域，在它被轉化成發展可取用的自然後，居民對這個過程予以道德評價。新生成的海岸自然，成為各行動者交纏的異質體系。

　　海岸基礎設施的「特性」，並非外在於時空之外不變客體的本質，正是因為它作用在早先人們活動的環境上，因此原先就在海岸活動的人群也會投射其記憶與情感在自然基礎設施之上。在一次環評會議，環保局希望將原先對於海埔地的標準設定在距離海平面 7 公尺的規定，變更成南星計畫只需要 1 公尺即可，此舉引來居民與環境 NGO 的不滿，在環評會議前聚集在環保局門口抗議（圖 3-1）。

圖 3-1　針對變更環評抗議
資料來源：楊柏賢拍攝（2019 年 7 月 24 日）。

　　主持現場抗議的一名男子介紹陳玉西出來講話，她是一位頭髮短而蓬鬆，穿著白色上衣的中年婦人。她說今天是以金煙囪文化協進會代表的身分來，並說今天要環評變更南星填海造陸的海平面公尺數是「是急著把我們大林蒲淹齁系遘？」她說，拒絕環保局球員兼裁判，應該要變更回環保署，「這是我的訴求。」之後主持男子請「左翼聯盟」的代表顏坤泉說話。他以臺語說，「六輕也是填海造陸，現在地層下陷，」「全球暖化，南極冰融化掉了，你（南星計畫）距離海平面 1 公尺是要擋幾年？」他邊講話，聽起來語氣帶有怒意，不斷舉起右手揮舞。「你韓市長是不是要出來交代？」在他語畢，麥克風回到主持人手上後，主持人補充說：「這個代表以前是台塑工人，對整個六輕離島有了解。」之後由龍鳳里的黃文裕里長拿著麥克風講話，他帶著墨鏡，並說南星計畫是「絕對不能淹水。」（田野筆記，20190724）

　　金煙囪文化協進會代表、左翼聯盟的代表與沿海六里里長，都圍繞著「淹水」的可能性批評環保局的提案。對金煙囪文化協進會代表來說，填海造陸的海岸以前是水域，遲早會地層下陷或淹水；左翼聯盟的代表則援引世界各國填海造陸以及他曾在雲林六輕的親身經驗，並且說在全球氣候變遷的情況下，篤定認為南星計畫一定會地層下陷。他們對於南星計畫的想像，有些來自過往在地生活經驗，也可能援引其他填海造陸的案例來對比。從在抗議現場人們的描述中，南星計畫並不僅止於自然「背景」，而是動態的過程，它可能的變化在在牽動了各方對於未來的想像與感受。那天環評會議前抗議活動的最後，主持人帶著現場抗議群眾喊口號，沿海六里鳳興里洪富賢里長這

時候遠遠地走過來，眾人隨即鼓譟並呼喊他，他走到抗議布條前，接過主持人手上的麥克風開始質疑是否又要繼續開發：

> 「南星計畫是不是要重新啟動？遊艇專區是不是要啟動？」他強調：「大林蒲還沒遷村，你韓市府就要知道這塊土地不能開發。」他講了大概 30 秒就將麥克風給主持人，主持人再度帶現場喊剛才的口號。喊完後說，「記者會到這邊，謝謝大家。」
>
> 在場的開始收布條，有穿著 xx 協會之類背心的人也脫下，現場「場復」的速度很快，眾人收完東西、揹起放在地上柱子邊的包包，有的沒有遲疑地走進環保局。我站在現場聽到一位中年男性說：「海埔新生地無法度（bô-huat-tōo）啦！六輕它插幾支，是要擋多久？你海岸線以前多遠，你看現在剩下多遠？」（田野筆記，20190724）

南星計畫填海造陸的環評變更，讓里長聯想到是否是要繼續開發。南星計畫目前對於洪里長來說就像是靜置的土地，而若環保局等單位要變更環評標準，他認為這是否是重新啟動相關開發的暗示。由此可以看到，國家透過改變海埔新生地的標準來實現其開發計畫，這也成為像洪里長等地方頭人或居民對於開發的聯想依據。海岸基礎設施的界線與狀態是連結到法規、標準與不同方投擲的想像並形塑，就像洪里長一句「大林蒲還沒遷村，你韓市府就要知道這塊土地不能開發。」海埔地的狀態並不穩定，若有改變它狀態的活動，則會引起海岸基礎設施系統中各方的回應與爭論。

接下來的幾個段落，我將進一步說明填海造陸所生成的自然本

體，作為基礎設施不斷處在各方協商之間的過程，並指出自然本體的再現及邊界也並非絕對，需要不斷地維持與監視。

二、環評會議──各方模塑海埔地狀態的協商場域

南星計畫過去已經填築近程第一期，第二期並未填築，而中程計畫的第 I、II 區填土已陸續於 2000 及 2012 年完成填築（高雄市政府環境保護局，2019）。南星計畫的開發單位為高雄市政府環境保護局（以下簡稱為高雄市環保局），而依據〈環境影響評估法施行細則〉第 12 條附表一第 40 項規定，「於海域築堤排水填土造成陸地」的環境影響評估審查及監督主管機關為中央主管機關，因此南星計畫的環評主管機關為行政院的環保署。在 2019 年 7 月，高雄市環保局根據 2010 年的環保署函文「環評相關計畫交回地方環保局審理，所以本案由高市環保局審理」的說法，提出申請第六次變更「南星計畫（大林蒲填海計畫中程計畫）中程計畫環境說明書」，變更項目為「植生綠化及造地高程、停止環境監測計畫」。

針對「植生綠化及造地高程」的變更，起因於 1984 年核定的《南星計畫中程計畫環境說明書》，在 2013 年時《南星計畫中程計畫環境影響差異分析報告（102 年第 1 次變更）》已核定變更造地高程為 +7 公尺、填土量改為 1,618 萬立方公尺。但是 2012 年「南星計畫中程計畫」海埔地填海造陸完工勘驗申請書上，卻指出南星中程第 I、II 區合計數量上，實際填土數量約為 1,416 萬立方公尺，兩區造地高程則分別是 +4~+13 與 +1~+13 公尺。這些實際數值與第一次變更規定的數值有明顯差距，因此在第六次變更，環保局針對變更理由指出：「因土地業已正式移交臺灣港務股份有限公司及高雄市政府海洋局，且已規劃相關開發計畫，為避免重複挖填整地，故申請變更實際填土

數量約為 1,416 萬立方公尺，造地高程依後續核定計畫內容辦理；另現況植栽維護及植生綠化，交由後續土地權責單位配合土地使用計畫整體設計。」（高雄市政府環境保護局，2019）而針對「環境監測計畫變更」這一項，由於原環評書件核定的填埋完成後的環境監測計畫，期程為填埋容量達飽和後五年內都要實施環境監測。環保局希望透過第六次環評變更，將針對 2012 年填築完成的南星中程區域進行的環境監測計畫進行變更，停止營運期間環境監測作業。

　　針對這兩點調整，在地居民與環團在 7 月 24 日當天前往高雄市環保局，在環評會議前於環保局門口舉辦記者會抗議，並在會議現場發言表示不滿，訴求標語為「高雄市環保局勿球員兼裁判　停止南星計畫中程計畫環評變更」，要求遵照《環境影響評估法》規定，審查主管機關要退回行政院環保署，以及反對上述環保局提出的環評變更事項。

　　接下來我會以變更環評會議現場各方的爭論，輔以第二章所述臺灣海岸基礎設施的組織性技術，說明各方即是圍繞著南星計畫的造地高程、填土量與環境監測等「基礎設施作業」進行爭論，而南星計畫海埔地狀態也不斷地被形塑。

　　在針對環評變更的抗議記者會後，大概六、七位抗議民眾直接進到環保局，來到在六樓會議室的環評會議。我來到會議室時，在門口一位綁著馬尾、身穿白色襯衫的女子遞了放在桌上的紙本簽到表給我，並詢問我是否有要在會議中發言，我回答沒有，並在簽到表上簽名。我看到剛才在門口抗議的幾個人也有簽到，並在表上勾選要發言。

　　寫完後我先站在旁邊，因為看起來會議室沒有座位了，這時候剛剛那位女生與其他幾位年輕人推了幾張工作椅進門，並把其中一張椅子給我，我把它推到門口對角線的位置，剛好可以對著投影幕。現場是個小會議室，我進來時大部分位子除了坐滿外，幾乎沒有其他人站著。在橫向的會議室前方有投影幕，這時候上面播著投影片，寫著「南星計畫中程計畫環境說明書　變更內容對照表（第六次變更）專案小組初審會議」等字樣。會議室內的桌子呈 E 字型格局，E 的右側開口朝向前方投影幕，左側則是看起來是主席等人的位子。桌上放有名牌座，有分旁聽民眾、高雄港務分公司，也有環評委員的姓名等。在會議開始前場內安靜，剛才抗議現場的人圍坐成一圈，沒什麼交談，有些旁聽者（像我）因為圍著桌子的位子沒了，所以坐在靠牆的旁邊。這時候桌上放了幾本類似環評報告的印刷品，疊放在一些委員前方，桌上沒有放無線麥克風，而是鵝頸式麥克風。（田野筆記，20190724）

　　負責此次環評變更的環評委員的背景，主要多為環境工程或水資源管理領域，此外也有專門處理環評相關法律案例的法律界人士（表3-1）。當天會議延遲開始，我觀察了一下在場出席人員穿著，環評委員與各局處代表大多穿套裝或襯衫配西裝，旁聽席區塊的人穿著較為休閒。幾位環評委員以旁人聽不到的音量交頭接耳，有些聽起來是在確認稍後會議中要如何說服眾人及論述的先後順序。大概過了十分鐘後，現場有些動靜。

表 3-1 出席「南星計畫中程計畫環境說明書　變更內容對照表（第六次變更）專案小組初審會議」的第五屆審查委員

姓名	職稱	專長
洪錫勳 （主席）	義守大學生物技術與化學工程研究所教授	工業污染防治、溫室氣體減量、能資源再利用、毒性物質防制
許乃丹	許乃丹律師事務所律師	民、刑事訴訟、家事事件、性騷擾調查、環評事件
高志明	國立中山大學環境工程研究所教授	地下水及土壤污染整治、河川污染整治、廢水回收再利用、生態工法及水資源管理
葉桂君	國立屏東科技大學環境工程與科學系教授	環境工程
溫清光	國立成功大學環境工程學系教授	水污染防治、污水處理、統計
吳明淇	國立高雄大學土木與環境工程學系副教授	災害防救、公害防治、環境教育、環境工程、社區參與
楊磊 （當天缺席）	國立中山大學海洋環境及工程學系教授	環境工程、人工濕地生態工程、棲地與生態系復育生態工程、海洋污染及防治技術

資料來源：高雄市環境保護局環境影響評估網站　第五屆審查委員資料。網址：
http://ksepb.clweb.com.tw/ksepb-eia/mode02.asp?m=20151214163339648。

　　不久後一位坐在整個 E 型會議桌中間的中年男性（後來會議結束後看到他桌上名牌寫洪錫勳），講話微溫吞，帶著細框眼鏡，望了望四周，緩緩地說：「程序相關人員大概都到了，那我們可以開始了⋯⋯」（我猜他應該是主席）突然坐在「旁聽民眾」桌牌旁的陳玉西說道：「是不是可以先程序發言？」沒等到洪錫勳或其他人說話，陳玉西語氣很衝地說：「你怎麼可以變成是環保局？」接下來場面有點混亂，臺下多人鼓譟，洪秀菊、陳玉西、黃義英等坐在旁聽民眾座位的人，與一位律師背景的環評委員許乃丹開始唇槍舌戰。許乃丹語氣堅定、類似曉諭的口吻不斷說：「是不是可以先程序進

行？尊重會議程序，這樣才可以有會議紀錄……而且我們現
場有律師，如果有相關程序有問題的待會可以提出……」旁
聽民眾那群人說，為什麼需要律師，黃義英站起來，眼鏡微
下滑，怒意沖沖說：「你球員兼裁判餒，整個岸堤、消波塊
流失，是你整個南星計畫搞出來的！」許乃丹聲音再起，說：
「是不是要尊重會議程序？先讓主席開始。」接下來再度多
方一起發言，許乃丹不斷重申會議要開始，才有後續程序發
言，才能將大家聲音記錄下來回應。大概僵持與互相插嘴十
秒鐘後，突然稍微一片沉靜，在旁聽席的「水資源保育聯盟」
理事長陳椒華以和緩的語氣說：「居民是對程序有問題，可不
可以先處理這塊？」許乃丹挺直身，雙手交叉平放在桌沿說：
「連開始都還沒，就沒有程序發言的問題，會依照相關內容記
錄到程序裡面，所以先讓主席發言。」（田野筆記，20190724）

居民對於海埔地不安全、不斷變動的親身經驗，在環評會議被宣
稱出來。他們不按牌理出牌，試圖打亂會議規則，以填海造陸的「經
驗」作為宣稱，成為他們在現場反抗被環評會議收編的途徑。旁聽民
眾先發制人，不照會議程序走，直接發言提出訴求；另一方面，環評
委員姿態高，要求尊重會議程序。雙方激烈交鋒，黃義英指稱海埔地
的硬體流失，是南星計畫的後果，這時環委許乃丹不斷訴求回到程
序，才能將發生的事與發言納入會議紀錄。特別的是，關於海埔地的
經驗宣稱在環評會議中被要求放置在特定位置（實體 vs. 程序），要照
著環評會議特定規範才能被論述出來（例如需要照著程序表述對於海
岸變遷的經驗與知識），在這個框架外的經驗描述則會被視為擾亂會
議。

　　治理代理人再現填海造陸的海埔地的方式，則與居民親身經驗不同。填海造陸的土地有不同政府單位的介入與移轉，有開始有收尾，且有具體的數字來計算填築土方有多少，後續也需要進行環境監測。而南星二期開發單位是高雄市環保局，他們認為既然新生地土地已經正式移交臺灣港務股份有限公司與高雄市政府海洋局，後兩者已開始規劃，為避免重複挖填整地，所以希望藉由變更先前環評說明書內容，來將計畫「收尾」，交由上述兩個土地權責單位做後續規劃與設計。其中一個中年男性環評委員——國立屏東科技大學環境工程與科學系教授葉桂君即以這一套論述來再現海埔地。

　　葉桂君破題地說，今天討論的「不是開發案，而是要收尾，」「環保局不是要球員兼裁判，而是中央下放。」他略帶遲疑地說著，「以前填方量是 180 萬方，民國 101 年填完，就交給海洋局跟另一個單位了，」「所以現地交給海洋局與港務局，今天會議兩個討論重點，一個就是要回復到以前的樣子，另一個討論是環境監測，我是就開發單位立場就這個部分說明。」許乃丹對著他說：「是不是可以先秀出公文？」但投影幕上沒有顯示，一位在門口的年輕人說：「他們去掃描了，待會就給大家。」現場靜默了約二到三秒，洪秀菊說：「你們說的那個公文我們早就看過了啦。」陳椒華說，「你說收尾，但填築完了嗎？」許乃丹糾正說，「你現在說的不是程序，而是牽涉到實體。先等一下，不然程序會亂掉，這樣委員要發問才能進行記錄。」陳椒華無奈地說：「喔喔喔好。」

　　這時剛剛我進門時拿簽到表給我的女性，在投影幕上秀出公文 PDF 檔，開始介紹相關內容。她沒有逐條唸，而是挑

選特定幾段來說明。她講完後，陳椒華說，「那現在是程序訴求，我們今天訴求就是退回環保署。」（田野筆記，20190724）

在環境工程背景的葉桂君話語中，他試圖具體說明填海造陸的SOP，且補充說仍在持續監測中。從他的話得知，南星計畫先後在不同單位之間移轉，牽涉到環保局、海洋局、港務局等不同機關。在政府局處這方，填海造陸被建立成一個「有開始也有結束」的自然本體，但居民明顯地與政府單位間的認知存在差異，如環境 NGO 代表與居民藉由「忽視」環保局對於公文所做的「已完成填海造陸」宣稱，提出希望退回環保署的訴求。可見他們似乎不認同這些文件所宣稱的事實，對他們來說填海造陸還沒填完就不等於完工。海埔地的「完成」並不是客觀事實，而是各尺度的行動者協商的暫時結果。

國家在形塑並打造自然時，也會透過科學知識來論說。當年政府蓋南星計畫時，產出對於地方的特定認識，例如指稱當地常淹水，來合理化填海造陸的正當性。但這個論述在環評會議中被居民以親身經驗糾正，也否定了填海造陸已經完工結束的官方說法。

洪里長開始說，「我這邊有一張之前大林蒲海岸的照片，（手拿著手機舉高）怎麼會變成現在是南星計畫餒？」並說之所以有南星計畫，是十大建設這種錯誤政策下的結果。「早先有位港務局的局長說我們那邊常淹水，這是胡說八道！我從小住那邊，除了當兵兩年不在當地，只有淹過一次。」洪里長邊說邊移動往會議主席洪錫勳的方向，「你看一下南星計畫岸堤都崩掉了。」（給洪錫勳等人看手機上的照片），然後走回位子坐下繼續說，「之前環保署在二期計畫時，我說完工證明

呢？根本拿不出來。」（田野筆記，20190724）

　　洪里長拿出之前的大林蒲海岸照片，對比於現在的南星計畫，指出當時官員說本來當地會淹水是無稽之談。對照之下，岸堤破碎的場景反而突顯填海造陸計畫的未完成，洪里長也以完工證明的缺席來強化這個論述。由此可見，居民會透過親身經驗來表述海埔地，他們對於它是否完工是透過自身的感知方式，對此也產生道德評價。「完工」與否，成為各方爭議的焦點，海埔地網絡中的岸堤或砂土等非人行動者的變化，也具有能動性，施作在專家、政府與居民之上。

　　對比於居民眼中海埔地的「變動」，在政府機關視角下，海埔地卻是亟需被「固定」下來的客體。政府機關也會藉由將填海造陸定位為「專業」，並引用數據與成果報告來證明南星計畫已完工，不過居民用別的方式反駁說還沒完工。

　　　　主席說：「請開發單位環保局說明」。坐著的葉桂君強調說，「接下來可能會有些專業名詞，再請顧問公司協助解釋，」並開始說：「我從來沒說要給誰解套，我從來沒說！因為（南星計畫海埔地）現地點交本來就高高低低……」「開發案是其他單位，但我們環保局只是要收尾，」點交後的後續開發案是其他單位的事情，他本身沒有開發的意圖。

　　　　他請旁邊一樣著淺藍襯衫與黑色西裝褲的男性回應剛剛居民的發問，這位男性站起身說話，「整理剛剛大家提到的意見，」並引用很多年分、單位、報告結果，說明南星計畫填海造陸已經完工，可以進行下一個階段。他說到一半，旁聽位置上有人插話說，「哪裡有完工證明，都沒看到。」洪里長

連看都不看那位環保局報告的人說，「只有完工報告啦！為什麼我知道還沒完工？因為在你們說完工後，一直都還有進帳嘛！你說的那個是灰渣，灰渣與南星計畫完工證明，是不一樣的。」葉桂君試圖解釋：「我們這個案子完全沒有開發的問題，我們目的只是收尾點交，我真的沒有你們剛剛講的想法。」洪里長無奈地說，「我也知道你們不是，」說環保局當然會說跟開發無關。（田野筆記，20190724）

環保局人員破題點出「會有專業名詞」，將他的論述與填海造陸劃分出專業的界線。藉由動員各種數據、成果報告、政策法規（圖3-2），說明南星填海造陸已經完工；但居民稱沒看到完工證明，並說仍有金錢進帳，表示填海造陸尚未完工。特別的是，洪里長感知填海造陸是否完工時，提及南星填海造陸仍有金流的進帳，認為它仍有填土等工程施工，指出海埔地的狀態仍處於變動。

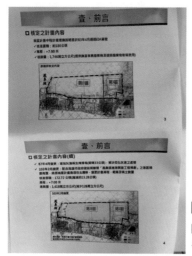

圖 3-2　變更環評會議現場發放的環保局簡報內容一頁
資料來源：楊柏賢拍攝（2019 年 7 月 24 日）。

在環評會議上，這種將自然基礎設施定義成專業問題的場景不只一次，且政府代表與環委不斷試圖將海埔地狀態固定下來。

> 應該是陳玉西也追加一句，「我們自己有去量啦，根本不到 1 公尺。」主席此時溫婉地說，「這部分跟工程有關，那請開發單位環保局進行 10 分鐘報告。」一位坐在葉桂君旁邊，身著淺藍襯衫與西裝褲的男性站起來，邊講邊移動到靠近投影幕旁，用紅外線投影筆介紹簡報內容。有一頁內容是南星計畫填海造陸植被狀況，上面有各監測點的實體照片，照片上草地疏密不一，草色呈淺黃色。「我們也有現地拍照植被狀況，哦……因為是冬天拍的，可能草有枯萎，但普遍植被狀況良好。」（旁聽席的黃義英等居民互看，會心一笑）他在介紹時，旁聽的居民安靜聽，偶爾瞄一下投影幕。（田野筆記，20190724）

在居民嘗試述說自身與人工海岸的經驗時，會議主席此時引導了會議方向，以「這部分跟工程有關」來劃分專業界線。環保局人員用投影片再現了填海造陸的樣子，並設法提供解釋。但像是填海造陸的海埔地這種自然，作為基礎設施的系統，其中非人物種的植被成為了不那麼容易界定、溢出在專業之外的行動者。不過對他的解釋居民似乎不接受，以互看、會心一笑、眼神飄移地瞄投影幕，來表示一種「不專注」在環保局的人所建構的論述當中，傳遞他們並不贊同政府代表們對於填海造陸海埔地的解釋。事實上，居民有自己一套反抗這些解釋的方式：

　　黃義英站起身，直面著臺下說：「你之前答應南星計畫要蓋成海岸公園、機場啦，」現在都不是。「你才五年就要停止監測，六輕、日本都還在監測，發現有流失，」「我們認為還是不宜開發，還是要填築那個 7 公尺，」「現在南星計畫填海造陸的岸堤、消波塊都在流失……」

　　這時鈴響了，主席請陳玉西發言。陳玉西坐著微靠在椅子上，說：「剛剛那位先生報告時，我感到很失望。」（旁邊的黃里長突然說：「你是快要睡著，」陳玉西回說，「不是，我是覺得我快死掉。」）「我從小時候看海邊，到現在看不到海邊了。」並說南星計畫「那個下水的地方，甚至有些區域，都沒有 7 公尺，」「那個報告都可以造假餒，請在場的委員可以去那邊看看是不是真有 7 公尺……」（田野筆記，20190724）

　　黃義英提到海埔地不應停止監測，以其他海埔地為例，說明持續監測的重要性，要求應該還是要填築到 7 公尺。陳玉西也回憶以前可以看到海邊，對比於現在已經看不到的感受，並強調南星計畫現場有些地方沒有 7 公尺，她不信任環評報告，鼓動環評委員可以去現場看（圖 3-3）。而這些居民彼此開玩笑的舉動，在嚴肅的環評會議場合也顯得違和。他們也動用先前環評會議對於海埔地高程的規定[3]，來說明現在南星海埔地仍在下陷的變動狀態與未完成，將經由各方持續協商。

3　根據 2013 年時「南星計畫中程計畫環境影響差異分析報告（102 年第一次變更）」的核定內容，將造地高程變更為 +7 公尺。

圖 3-3　南星計畫一景
資料來源：楊柏賢拍攝（2019 年 7 月 26 日）。

　　針對持續變動的填海造陸海埔地，它那模糊且具爭議的完工狀態，因而任何非人行動者（例如植被）都會產生作用，這是建造在自然基礎設施所具有的開放性，這種開放性漫溢出專業知識與治理之外。

　　在環評會議的後半段，主席請「國立中山大學環境工程研究所」教授高志明發言。高志明說：「環保署委由環保局，是有法律依據的，應該要與環評切割來看，」並說：「這個地方是填海造陸區域，還是要持續監測，不管是環保局還是其他單位，都要繼續做。」（田野筆記，20190724）

環委指出了填海造陸區域需要被持續監測的未來。在 Carse
（2014）探討巴拿馬運河的研究中，即指出基礎設施會產生需索無度
的環境（a demanding environment）。一旦需索無度的環境被建立後，
它就必須不斷地被投資來維持，對抗其「傾向衰敗的物性」（tendency
of things to fall apart）（同上引：221）。此外，依據何人、何地與何
時，需索無度的環境會讓人產生與非人世界之間不同的經驗，這種
經驗可能是感到能控制非人世界，但也可能是疏離感。從經歷海岸基
礎設施的作業後，南星計畫填海造陸海埔地成為了「需索無度的環
境」，例如環委指出需要不斷地進行環境監控，針對海岸地形、海域
水質、地下水質、海域生物、陸域生物、地盤沉陷等進行監測計畫，
海埔地的監測、施工、開發與維持也在各種治理單位間轉移，來持續
看顧與維持海埔地的功能。

而在 Ballestero（2019：17-44）關於地下水層的研究中，藉由討
論哥斯大黎加 Sardinal 區的地下水層爭議，作者指出如要將地下水
層作為對象（figure）從背景（background）抽離出來，其中所需的
技術及其限制。地下水層在地底下，人無法肉眼看見，必須經由活
化基礎設施與環境的想像，以及驅使一系列法律與技術科學的工具
（工作許可、水使用證照、數學模型與抽取率的計算）。若要將感受
不到的地下水層當作基礎設施，官僚與專家需要將這個「環境實體」
（environmental entity）（同上引：21）功能構想出來。這些針對環境
實體功能的想像中，地下水層被賦予儲存水的容器的形式，它們被描
述成儲槽般的實體，靜靜地置位於地下，直到人類根據其需求與渴望
來使用它們。

此處基礎設施化的過程仰賴將「對象」（此指地下水層）從「背

景」分離出來的可能性，也就是將基礎設施從它的背景中分離開來。
但地下水層有其強力的物質形式，它不是單指水本身，也包括地表下
不同質地的砂礫與土壤，水滲透並消融於這些砂礫土壤縫隙之中，形
成混雜的環境實體。地下水層的這種不可見、異質混雜的狀態，擾亂
人們想在法律、技術上將被賦予維持人類生命功能的環境實體孤立出
來的過程，亦即拒斥被「基礎設施化」。一方面由於水體在地下且消
融於砂土之間，要透過技術來測得；但另一方面，在實際技術層面又
難以將水體「對象」從砂土此「背景」中分離出來，無法斷定其環境
實體，因而產生爭議。但專家與官僚卻又企圖透過法律與政治的管道
來進行，例如訴說水資源危機來合理化抽取地下水，或將能舒緩水資
源危機的希望寄託在此一環境實體。

　　在南星計畫的案例中，與 Ballestero 討論的地下水層相似處在
於，填海造陸後的新生地也經歷被打造為「環境實體」的過程。一方
面治理代理人與環委企圖將新生地固定下來，並以防海浪侵蝕的海堤
等工程施作，以及透過法規、數據與政策條文與環境監測，來將海埔
地從海岸「背景」分離中，賦予可以感知到、穩定的形式。地下水層
與海埔地的狀態產生難以從背景分離的爭議，但兩者狀態有些差異。
地下水層是消融於地面下看不見的砂礫土壤孔隙中的水，形成混雜的
狀態；但海埔地的特性不是這種難以區分各種元素的特性，而在於其
「時間」面向的韻律特性。比起將海埔地或濕地當作海水／陸地是在
空間意義上的混種狀態，Krause（2017b: 1-8）即以時間的視角分析
潮間帶，指出海陸韻律形塑了潮間帶的狀態與生命，「變得乾或濕、
變得水或陸」的狀態遷移交織在看似規律卻又存在不和諧的海陸韻律
中。潮之漲落，浪之波動，都以日、月、季或年各種時間韻律反覆又
無常地在海埔地的基礎設施系統中作用著，與網絡中人、非人物種與

地球作用力互動。這種規律又不和諧的時間性海陸韻律是海埔地的特性，在基礎設施化過程及之後，海陸韻律成為基礎設施作業的阻礙。海岸基礎設施被賦予的狀態是穩定的土地，人類試圖讓它不會因波浪、地下水、潮汐與漂沙等海陸韻律相連的作用而變動，但海陸韻律卻不容易被掌握，它掏空填海造陸水面下的填土產生土地下陷、海風與波浪打在海堤產生崩裂，填海造陸海埔地的穩定也受到影響。

海埔地的「物質」交織著上述海陸韻律，也產生專家與國家官僚意料之外的結果，尤其土地的變化。在環評變更會議上，環繞著南星計畫土地地層下陷的爭論，顯示了海埔地在短期看不見、長期下來逐漸顯著的土地變化。如第二章海岸工程的討論所述，一般填海造陸海埔地在興建初期會在外圍建造海堤，有攔淤的效果，並防止回填區土方流失。但在海陸韻律如波浪與潮汐的作用下，海堤崩裂，使底下土方逐漸被海水掏空，會出現回填區地盤下陷的可能性（圖3-4）。雖然政府投放消波塊在南星計畫海堤外，但卻無法遏止海水的反覆衝擊——如環評變更會議現場居民表示消波塊一直流失。土方的流失也牽涉到回填區當地原先的地質狀況、地下水層位以及填築土方本身的特性，經由何種技術與機具轉移土方、土方如何擺置於回填區，這些元素都透過基礎設施作業的組織性技術連結起來，形構不同狀態的自然本體，影響海埔地的穩定性。南星計畫起初並未有明確規劃，而是廢棄物投放的區域，此外也有因高雄港第二港口南堤而在高雄西南海岸淤積的漂沙。後來的大林蒲填海計畫才正式決定要以建築廢棄物及工業廢土的爐渣、轉爐石、灰渣當作土方來填海。回填土特性與填築方式影響了南星計畫的穩定，在波浪與潮汐的作用下流失。此外，消波塊的投放也使得來自高屏溪的漂沙無法在南星計畫海堤外淤積成豐厚底泥，海水多直接拍打在消波塊與海堤上。

圖 3-4 南星計畫崩裂的海堤
資料來源：楊柏賢拍攝（2019 年 7 月 26 日）。

　　上述海埔地的變化溢出在基礎設施的治理之外，產生專家或官僚不一定意料到的結果，居民或環境 NGO 也運用這些不可預見的海陸韻律的時間—物質性、距離海平面 7 公尺的環評決議的規範，揉合自身「感受到海埔地在變動」的經驗，在環評會議現場與專家協商。居民感知海埔地變動的途徑很多，例如對照環評說明書規定的造地高程與現場海埔地距海平面高度、錢的進帳流通、看到消波塊與岸堤的流失，或是對照過往空間經驗來質疑海水變成陸地的不可知性。而填海造陸海岸的物質形式「抗拒」被基礎設施化，作為需要被監視、維持的「需索無度」的環境，也讓專家或治理機關必須不斷予以看顧。

此外，海埔地的環評會議形成一套異質元素與各尺度人類行動者協商的空間，成為居民能夠藉此介入海岸基礎設施過程的場域。如同上述，雖然會議重點圍繞在變更南星計畫填海造陸的造地高程、填土量或環境監測，但在這些衝突背後，是居民能藉由參與會議，來形成協商的空間。部分居民是反對整個南星計畫的存在的，因此他們要在與其他官僚與專家共處在一個場域時做出宣稱，聲稱填海造陸還沒完成，讓海埔地處於現在進行式而非完成式，他們才有可能改變海埔地的未來。

三、實驗室科學、模擬科學與場域科學：知識的交融與協商

在環評會議的場域中，不僅是常民與專家官僚之間的爭論，也是不同科學知識的協商。這些科學知識大致上可分為三類，一是「實驗室科學」（lab science），實驗過程可以複製、反覆重新檢驗的科學；二是「模擬科學」（model science），藉由建立真實世界的現象之間的模型，以電腦模擬來了解現象；三是「場域科學」（field science），是在場域中實踐出來的知識。實驗科學、模擬科學與場域科學對於現象的解釋基礎並不一致，被專家、官僚與常民所挪用，在關於海岸基礎設施的環評會議上、環境影響說明書之中也可見到三種知識間的協商。

在上述的南星計畫環評會議中，環保局官員在報告這個填海造陸海埔地時，引用了埋填完成後的環境監測資料（表3-2）。其中，專家針對海岸地形、海域水質、地下水水質、海域底泥、地盤下陷、海域水文，藉由個別「參數」來推估該現象的狀態。

表 3-2　填埋完成後環境監測計畫

監測項目	監測地點	監測頻率	分析參數
海岸地形	高雄港二港口至鳳鼻頭以南 5km	半年一次	沿岸灘地等高線、等水深線
海域水質	於近岸處、-5m、-10m 及 15m 等深，共設 12 個測點，其中近岸處測站為單層採樣，-5m 等水深線之測站分 2 層採樣，其餘測點則分 3 層採樣	填埋完成後二年內每月一次	水溫、pH、溶氧量、生化需氧量、化學需氧量、懸浮固體、氨氮、總凱氏氮、有機磷、硝酸鹽、亞硝酸鹽、大腸菌類密度、礦物性油脂、總酚、鎘、鉛、汞、銅、鋅、總鉻、鹽度、導電度、透明度、六價鉻、底泥重金屬含量（鎘、鉛、汞、銅、鋅、鉻、六價鉻）
地下水質	鳳林國中、鳳鳴國小	填埋完成後二年內每月一次	pH、大腸桿菌群、化學需氧量、油脂、總有機碳、氯鹽、總酚、鉛、鎘、汞、銅、鋅、鉻、總溶解固體物、硫酸鹽、鐵、錳、砷、導電度
海域生物	同海域水質監測點	填埋完成後二年內每季一次	植物性浮游生物之種類及密度、動物性浮游生物之種類及密度、底棲生物之種類及密度
陸域生物	計畫新生地範圍	填埋完成後二年內每季一次	植物之種類、數量及植被分布情形、動物之種類、數量及植被分布情形
地盤下陷	中程計畫區 9 個監測點	填埋完工後每月一次	地盤沉陷量（平鈑載重視驗）

資料來源：南星中程計畫環境影響說明書第六次變更會議資料。

　　以海岸地形為例，政府以單音束與多音束測探機來探查海底地形的水深變化。針對大範圍區域與南星計畫圍堤腳附近區域，環評說明書上寫著：

（大區域範圍）地形主要的變異區為貨櫃中心工程填築區域及其附近海域、貨櫃中心計畫取砂 A 區及鳳鼻頭與高屏溪的沿岸帶。填築區域圍繞在堤防外側的海床會有侵蝕現象發生；貨櫃中心計畫取砂 A 區為工程取砂之區域，有明顯海床變深的現象；鳳鼻頭與高屏溪的沿岸帶，主要地形變化皆位於水深淺小於 10 公尺的近岸區域，歷年測量結果顯示本區域冬季時地形變化較夏季時輕微。

（南星計畫圍堤腳附近區域範圍）歷年監測數據顯示，區域內地形受東南—西北向的沿岸流影響，夏季會有向北的沿岸流，故本調查區域地形於夏季變化較為明顯；冬季受到東北季風影響的時候，地形較為穩定。區域內地形變化量大都位在鳳鼻頭堤防邊側區域，其餘地區無明顯地形變化。（高雄市政府環境保護局，2019）

可以看到，專家藉由音束投影的技術，來掌握地形的變化。在地形圖上，地形的深淺變化被呈現成顏色的差異，並以等深線的線條來顯示某個區域的深度相同。海岸地形的監測每半年進行一次，分別在夏、冬兩季，海底水深的變化被連結至其他自然現象，例如沿岸流、季風，將海岸地形變化歸因到其他自然現象上，但也指出人為活動的因素，例如洲際貨櫃工程的抽砂。在此可見專家動員「模擬科學」來掌握與推測不同現象活動的關係。

另一個可看到專家動員「模擬科學」來掌握海埔地相關自然現象的是海域水文，專家在監測時蒐集實測水位的數據，製作成水位頻譜圖，來掌握漲退潮潮差變化，製成潮差變化圖。專家進一步推測海潮流動與潮汐漲退的關係，動員了「模擬科學」的知識：

依據歷次環境監測調查結果，NSCI 實測水位（混合污水海放口附近）及鄰近潮位站（東港、鼓山及永安）之時序資料，漲退潮差變化以小退潮之潮差最小（<0.1 米），大退潮潮差最大達 1~1.2 米，依據水位頻譜圖，觀測期間潮位變化是以全日或半日為主之混合潮型態。另海潮流動趨勢雖具季節性之差異，但水平流動之週期隨水深為半日或全日變化，顯示潮汐漲退仍對海潮流動具影響。（同上引）

除了「模擬科學」外，專家也動員了「實驗室科學」，將個別現象區分成各項參數來分析。例如，在「海域水質」上，區分成水溫、pH、溶氧量、生化需氧量、化學需氧量、懸浮固體、氨氮、總凱氏氮、有機磷、硝酸鹽、亞硝酸鹽、大腸菌類密度、礦物性油脂、總酚、鎘、鉛、汞、銅、鋅、總鉻、鹽度、導電度、透明度、六價鉻（表 3-2）。在「海域底泥」的部分，則是鎘、鉛、汞、銅、鋅、鉻等重金屬含量與六價鉻（表 3-2）。不同自然現象被專家簡化為參數，不同參數以長度、重量、濃度等單位來計算數值，可見「實驗室科學」被專家動員來說明特定自然現象的性質。

但在環評會議現場，「場域科學」的知識也同樣被動員起來。像是上一小節提到居民在觀察到岸堤的崩壞、部分海埔地被海水沉浸，來反駁專家與官僚提出的論述。此外在第四章也將提到漁民在南星計畫填海造陸附近採集捕撈時，因魚群的種種變化而感受到海岸地形、海域底泥的改變。常民從日常中實踐出來的「場域科學」具有時間性，例如潮汐與海流是有日月季年等各種週期，而不是像「模擬科學」那樣以跳點式（只挑夏、冬兩季）的時間來掌握；此外「場域科學」帶有整體視角，例如魚群變化與底泥、潮汐、海流與風等不同元素鑲

嵌，無法像「實驗室科學」般簡化成個別參數來分析。

　　實驗室、模擬與場域科學在海岸基礎設施的打造中交織，有時可以看到不同科學間互斥，但也可以看到彼此協作。在環評會議的現場，常民動員場域科學來與專家官僚動員的實驗室、模擬科學爭論，因此常民發言具有影響力；但常民也可能在其他管道獲得關於海岸的模擬科學知識，來描述當地地形的形成。

第四節　治理之內／外：海岸工程的空間生產與劃界

　　填海造陸後的土地，對於地方生活來說是何種存在？對於原先的地方政治網絡產生什麼樣的影響？進而，人們對於國家治理的看法產生什麼變化？本節透過「空間」的角度，試圖說明填海造陸所創造的土地不僅只是「真空」般的地方，而是被納入到在地的意義網絡，或攪動了人們對於地方與政府治理的態度。其中，公／私界線在這個層面被創造出來。

　　填海造陸往外海開始填築後，不僅只是填築土方而已，也需要其他基礎設施的加入。這些基礎設施包括下水道管線、電線與道路等硬體設施，用作後續的開發與管理。而這些基礎設施所形成的網絡，儼然讓填海造陸有別於在地既有的空間，劃分出與在地不同的空間。

　　有天午後，大約下午 1 點多我徒步走在大林蒲靠近南星路的那側的小路，發現有一片地，沿著南星路延伸。這片土地有些看得出有人為介入，將土壤弄平，擺上紅磚作為分隔，栽種整齊成列的菜；有些則雜亂、蔓草叢生，甚至堆放著廢棄物。彼此之間也有用網隔開，應該是因為土地所有人不同的緣故。附近沒有其他住家，但這些菜圃的

背面則是一排的透天宅與鐵皮廠房，有些早先是養蝦場，但都已經廢棄，轉用作其他倉庫或廠房。明顯地在地景上，有些土地有私人使用的痕跡，也有被規劃為整齊的空地，兩者大多沿著南星路這條填海造陸邊界的道路延伸。填海造陸本身並非自建立起就屬於國家壟斷的建成環境，而是常透過像是道路劃分出清楚的界線，看似一邊是國有，另一邊則是私有土地。

但實際上新生地改變了當地原有治理代理人里長的管轄範圍，因而成為在地居民耳語的來源。楊星大哥是土生土長的紅毛港人，目前沒有穩定工作，偶爾當地熟人會找他做一些小差，讓他賺點生活費。某次他跟我聊到當地幾個里長時，說填海造陸後增加的土地成為特定幾個里政的管轄範圍，該里長變得有權力，且里長與其他重要職務重疊，是工業區想掌握的職務。

現在鳳森里里長陳信雄，父親還是阿公曾參與過526事件被抓去關，陳信雄本來應該是開計程車的，後來陳信雄出來選大家就支持他，成為高雄市最年輕的里長。楊星大哥說其實鳳森里是附近工業區最想掌握的一個里，因為這個里的範圍包含一大片臨海工業區，且紅毛港遷村後新建的第六貨櫃中心，整片也都是鳳森里的範圍。此外，陳信雄也是目前鳳林國小的家長會長，楊星認為，國營企業從鳳森里里長、家長會長等職務，是用來掌控大林蒲聚落的策略。現在鳳林里里長許再生，一開始並沒有特別要出來選里長，可能就幫忙居民一些生活上的瑣事，後來就被推派出來選里長。（田野筆記，20180820）

　　楊星所指出的不是針對特定的人物，而是各個里長與各自所管轄的範圍因為填海造陸起的變化。從紅毛港到第六貨櫃中心都被劃歸到鳳森里，涵蓋第六貨櫃中心及洲際貨櫃工程，工業區特別想掌握這個里。可以看到在高雄西南海岸因為填海造陸所產生的土地，對於里長、居民甚或臨海工業區而言，影響了他們對於在地既有權力認知。

　　填海造陸海埔地的出現，也伴隨著特定里長的政治生涯發展。有次洪里長告訴我他出來選里長以來，經歷過的抗爭：

> 他回顧自己的參政歷程說，民國 99 年時出來選里長，那時候打環評；民國 100 年左右，出來反對自由港，在油港區說明會時出來打環評；民國 102 年左右，則有抗議與北上陳情；民國 105 年時則舉辦第一次的「西南瘋音樂季」。他說：「其實十年前根本就沒有在講遷村，是後來在打環評、空汙，才在討論遷村的。」（田野筆記，20190814）

　　洪里長參與的抗爭運動，幾乎都跟南星計畫的環評有關。從2010 年開始出來選里長時，就是先從打環評開始，2011 年出來反對南星自由貿易港區，這些關於填海造陸的抗爭讓他得以在擔任前里長的父親累積的人脈與聲望之上，獲得新的政治聲望來源。而當自然海岸轉變成為人工海岸後，相關基礎設施缺乏，也成為包括洪里長在內的里長、民代與政府得以介入的場域。

> 「為了要讓大車走，農田、房子都沒了。」他說，南興路通車後，發現根本交通號誌都不會亮，他就找了國民黨曾麗燕市議員，「她看完後也說『唉唷，哪會按呢』（ná ē àn-ne），

她趕緊跟市政府交通局之類的詢問。」才知道原來跟台電的用電申請根本還沒通過，所以交通號誌才不亮。洪里長說，那時候還先偷接電。（田野筆記，20190814）

在填海造陸後鋪設的南星路通車後，交通號誌不會亮，洪里長找了市議員處理，她去跟市政府交通局詢問才發現跟台電用電還沒申請通過。新生地不是一個真空的空間，而是讓當地既有政治運作得以藉由它所創造的空間，連結到跨尺度的行動者。平常有在關注當地議題的一位青年跟我說：「目前在地比較有在運作的議題大概是國道七號、南星計畫與遊艇專區等。這邊的議題都不僅僅有關高雄市政府，還連結到經濟部、國營會等。」（田野筆記，20180821）

但是南星計畫所創造的空間也可能不那麼跟地方上的頭人有關聯，反而產生了治理之外的空間。堯叔曾擔任里長，該里的範圍除了鳳鼻頭聚落外，也包括鳳鼻頭漁港。漁港是在南星計畫開始興建後，為安置漁船而建造的人工漁港。有次我去拜訪堯叔，想詢問他是否有認識的鳳鼻頭漁港的漁民，因為剛好鳳鼻頭漁港在該里的範圍內，堯叔曾當過里長，也許會有接觸。「但他說鳳鼻頭漁港其實不太是這個里管的，而是海洋局或小港漁會的人，里長不太會接觸到。另外他說鳳鼻頭漁港的協會不只一個，而有三個左右。他建議我可以直接去漁港找漁民聊。」（田野筆記，20180821）

填海造陸的土地也可能產生治理之外的空間，溢出在當地治理網絡之外。如堯叔談到的，填海造陸產生物理空間，但這些鄰近在地的空間可能反而跟地方關係不那麼緊密，落在地方的治理之外。另一方面，填海造陸所創造的這些跟在地沒那麼有關的物理空間，卻也生成

了另類的國家與地方協商的空間。上一節描述的環評會議前的抗議現場即是一例。

　　第一個講話的是洪姐，她批評檢測與變更都是環保局，民國 102 年做的決議，現在自己要變更，「希望退回，由環保署審查。」洪姐講完後，主持人接過麥克風說要補充，原本環評規定南星計畫海埔新生地要填築高於海平面 7 公尺，現在要改成 1 公尺；也提到現在極端氣候下，「像上禮拜下大雨」，而且國外填海造陸也有沉降的危險，臺灣可能也有這個疑慮。補充完後，她請在場「水資源保育聯盟」理事長陳椒華講話，她走到布條前方對著臺下說話。她穿著白色上衣，衣服寬鬆。她說當初遊艇專區會停下來，就是南星計畫填海造陸沉降的問題。今天環評會議，「開發、審查，因為一紙公文，變成同一個單位，」就是要讓南星二階與之後的開發死灰復燃。「六輕等地方都還在沉降監測，今天如果通過，會不管安不安全，都可以開發，」「怕高雄小港變成下一個六輕離島工業區。」

　　她接下來援引幾條法規，民國幾年通過的。並說現在環評報告的「監測沉降，都在海堤，中間都沒有測，這是非常不專業、不符合專業規定。」並總結說訴求有幾點，第一點要把環評退回由環保署審查，第二點是更謹慎的沉降監測，第三點是與南星計畫有關係的環評委員都應該要退席。麥克風交給主持抗議的男子後，這主持人說要帶現場大家喊個口號。「反對草率開發」，在場眾人附和，前後重複兩次，「環保局不可球員兼裁判」，眾人再度附和，前後重複兩次。（田野

筆記，20190724）

　　環評會議及相關抗議，是填海造陸所產生的與國家協商的新的空間，不僅讓在地頭人與居民有新的機會與國家接觸，爭論南星計畫及對填海造陸土地的疑慮。同時，這個場域中除了會有居民代表與治理代理人，也出現專家，他們會代表相關專業知識與法規來發言，辨別爭議的源頭，試圖排解雙方。

　　　　一位坐在洪錫勳左手邊的環評委員發言：「第一次（針對
　　變更南星計畫的環評會議）我沒有參與，但經過剛剛討論與
　　居民意見，我感覺彼此沒有互信基礎。」他說：「至於誠信，
　　因為我本身學土木的，」南星計畫填海造陸「它是中級以上液
　　化區域，如果相關單位沒有針對整個區域監測，而只有特定
　　區域，可能是有問題的。」並提到相關法規，「接下來《液化
　　法》通過，可能開發要通過這個規定會更困難。」此外他認為
　　「移交後相關管理機關還是要有後續做法來管理，」「針對 7
　　米的問題，是否一定要 7 米，也要看相關法規是否規定，不
　　然會造成居民不信賴政府，會變成像圖自己方便。」（田野筆
　　記，20190724）

　　在這個場域中，專家中介在國家機構與居民之間，指出雙方沒有互信基礎。且專家能夠以自身專業來調解國家與居民，例如這位環委聲稱土木專業知識與液化法規，在環評會議場域中具有權威性，藉由這個方式，他也突顯了雙方關於填海造陸的不信任，是因為法規定義的模糊而進行協商所產生出來。

除了生產出陸域或會議等空間，填海造陸也生產了海陸域之際，這也成為居民與國家協商的場域。當初為了要收納從紅毛港、大林蒲到鳳鼻頭一帶的漁船，鳳鼻頭漁港在 90 年代中興建。隔著海堤，比鄰南星計畫的填海造陸，鳳鼻頭漁港港內呈現ㄇ字型，它的三面岸壁高度並不一樣。紅伯從臺東來到高雄工作，結婚後住在鳳鼻頭，現在已經 70 多歲了，平常幾乎每天都會來漁港捕魚。有次坐在漁港跟他聊天，他跟我解釋了漁港的硬體設備：

> 後來他說港內有些比較大的船筏，出海大多是釣魚的，但比較小的是用網子，「你看到的這裡（紅伯指腳下跟左右，指我們所在的漁港這一面），比較低，距海水面也比較低，這樣小隻的船才能拖網子上來，不然像那邊（指正對面的碼頭），那個太高，要怎麼拖？所以那時候蓋漁港的時候，我們就來跟做工程的說可不可以降一公尺多，這樣才有地方可以拖網上來，還要清網，對不對？」我說原來有這個差別，「難怪我想說為什麼一邊是有階梯的，但另外兩邊都沒有，離水面比較高。」紅伯說：「嘿啊、嘿啊。」
>
> 我說：「那這樣鳳鼻頭漁港是不是比較多漁船都是釣魚的，因為有兩邊岸壁都是比較高的，船筏也比較大一點？」紅伯說：「對、對。」但他說出外捕魚，這些釣魚的船筏大多在石礁旁邊釣，「那邊魚比較多，」「我也都是在石礁旁邊撒網。」我好奇問會不會用釣的跟用網子的會勾到，紅伯說：「不會啦，出海時間不一樣，他們大多天亮、白天才出去，我們凌晨就去了，不會碰到。」（田野筆記，20190724）

　　人工化海岸的硬體本身也是被協商出來的，原先自然海岸本來存在各種漁具、漁法、海路的人群，而在海岸硬體被協商出來後，也將漁具、漁法、船筏等被配置在不同時間與空間位置，例如紅伯所使用的這種小船筏是用灑網的方式，需停靠海陸高低差較小的漁港岸壁一側，才有辦法拖網、清網子，且多在是在凌晨出海捕撈；用來釣魚的較大型船筏，則在海陸高低差較大的另一側漁港岸壁，是在天亮後白天才出海。不過無論是用海釣或網撈，都是在南星填海造陸、鳳鼻頭漁港外的堤防一帶，隨消波塊所形成的石礁旁捕撈底棲魚類。紅伯等人當時跟漁港建造者要求把漁港高度降低，這樣才可以拖網上岸，因而漁港三個面的岸壁距海面高度不一致。鳳鼻頭漁港朝北、朝東的岸壁高度較高，給用來海釣的、較大的船筏停靠；面向西邊的岸壁離海面較低的則是給小船停靠，主要用漁網捕魚。

　　海岸的人工化，也可能帶來劃界的效果，影響居民進用海域的權利。有次與楊星哥站在當地人俗稱的「五粒仔」[4]，吹著陣陣海風，他跟我聊到這附近海岸建設，影響過往他們可以釣魚的地方。

　　　　我問他前幾天他在「大林蒲廣場」臉書社團 po 的有關南友釣魚行想爭取以前紅毛港「五粒仔」港邊可以海釣的議題，他說在地人「原本會去台電出海口海釣，『工廠出來的熱水碰到冷水，魚很多』大家都喜歡去那邊釣，但後來圍起來了，於是居民就在中油新大門對面那邊圍牆破了一個門，進去偷釣。」現在想爭取「五粒仔」與「南岸」也可以釣魚。（田野筆記，20190301）

4　這是第二章提及的高雄港十二年擴建計畫與第二港口開闢時，用圓沉箱構成的海堤，因為在該處有五座圓沉箱所以在地人稱「五粒仔」。

填海造陸產生的空間，看似跟以往的自然海岸相同，但實際上是公與私所有權不明的混雜空間，可以由國家機關或國營企業所有，也可由人民使用，但在特定狀況下會界線分明，影響人民以往對於海的使用權。紅毛港的「五粒仔」可以海釣，以前居民常去，此外台電出海口也是居民常去的海釣空間，那邊有工廠排出來熱水，碰到冷的海水，會有很多魚。但後來被圍起來後，居民無法在原本可以海釣的海埔地海釣，所以近來當地居民才發起爭取海釣，得以進用海的資源。

在高雄西南海岸的人工化建設，在陸地、海陸之際、海域都創造出新的空間，甚至產生了像是環評會議、說明會等場域。這些空間或場域可能有些坐落在原先治理關係之內，也或者在治理之外。這些空間都讓當地牽扯進新的政治過程，也或者擾動原有政治關係。

第五節　小結

本書探討的是海岸作為一基礎設施，從自然轉變到人工化海岸的過程中，它如何建立與維持，如何與跨尺度的人與非人的行動者相互連結，其中包括知識的動員與產生的政治效果。本章透過民族誌材料與個人訪談，可以看到海岸基礎設施不僅只是物質型態單向的轉變，而是動態的、與異質行動者持續協商的過程，處於開放的狀態。這個過程也改變了在地對自然的認識、治理關係，也使在地社群連結到更高尺度的專家與官僚。

本章以基礎設施取徑切入來理解海岸人工化的過程，可以區分成三個意涵：物質、知識動員與空間生產。首先，高雄西南海岸從 20 世紀中起，海岸建設包括部分區段的海堤、高雄港擴港計畫時的潮間

帶海埔地、南星計畫填海造陸與鳳鼻頭漁港，直到近年的洲際貨櫃工程，每一項發展計畫都牽涉到物質行動者的組織，形成自然本體。如同 Ballestero（2019）的研究指出的，專家試圖將基礎設施作為對象（figure）抽離出它的背景，使其固定下來，且有別於「背景」的自然，但自然的物質性抗拒這種「基礎設施化」的企圖。

而我想進一步探討的是，這個基礎設施化產生的效果讓不同行動者做出哪些回應。從南星計畫的環評會議中，可以看得出專家與官僚試圖藉由數據、法規與專業術語，將填海造陸的海埔新生地鞏固下來，但是實際上面對仍存在地層下陷的可能性，他們必須持續地予以監測。而在另一方面，海埔地物質層面的不可預測性則成為在地居民對於未來想像的來源，擔心地層下陷後的淹水、海平面後退。不過這種物質的不可預測性也讓居民與其他環境 NGO 組織得以借力，來與專家與官僚進行協商。在這個例子中，南星計畫的填海造陸像是「需索無度」的環境，專家與官僚必須「持續」給予照顧與監視；從另一個角度來說，需索無度的物質性正好提供居民與國家協商的可能性——雙方的協商則都牽涉到另一個層次的關係：知識動員。

本章所探討另一個主題是知識動員。一方面填海造陸等人工化海岸藉由物質的實踐轉化自然，另一方面治理者也會透過知識的動員，劃分出「專業」的界線，合理化其自身轉變自然的企圖。就像在變更南星計畫的環評現場案例中，看到環保局等官僚與專家藉由專業術語、法規、數據、圖表與政策，來說明填海造陸的過程，這同時也是將填海造陸描述成居民等旁聽民眾所無法介入的技術。但就如同在第一、二節所述，洪里長與柯桑等人也有一套他們理解海岸變遷過程的論述，大多帶有個人經驗與感受——專家知識與在地經驗並非決然地

二分，兩者也會相互滲透，就如同柯桑在描述在地海岸變化時，也引述了環委對於海岸地形的論述來解釋變化的原因。知識的動員與物質實踐都是國家針對海岸治理的方式，這些手段並非中立，而是具政治意涵或產生爭議的結果。就如同現下當地處在遷村情境中，土地所有權成為眾人關心的課題，但土地所有權又往往牽涉到「海岸或濱海土地怎麼來的？」、「原本的狀態是什麼？」等過往的實作，因而如何敘述土地的由來從來就不是客觀的話語，而是對於某地的權利宣稱，以及對於海岸自然變化的道德評價，這些宣稱與評價在特定空間與場域中進行協商，不斷模塑海岸本體。

本章所描述的海岸基礎設施，也生產出各種空間。在海岸治理中，海岸並非僅照著人類規劃的角度，成為一符合發展期待與企圖的空間──誠如本章所述，它不斷在各尺度與各種行動者的協商中產生。又因它持續且動態的變動，也產生了意想不到的結果，這些縫隙成為人與其他物種寓居與互動的另類處所，且都與意想不到的海水滲透密不可分。

在接下來的章節中，我將著重在海濱的沿海採集實踐，在此看到人、物種與環境在人工化海岸的縫隙中生存，使原有的社會網絡得以在海岸環境巨變後得以蔓延，並持續展現物種的韌性。

第四章　基礎設施的「縫隙」：海陸韻律與異質社群的喧騰

第一節　前言

　　如第二章所述，原先海岸潮間帶作為兩棲的海／陸介面，潮汐、地形、地質、氣象、藻類、魚蝦蟹、漁撈採集等交織作用，形塑水陸兩棲韻律；而高雄西南海岸在地社群長久以來的沿海採集則是與物種與環境互動的日常實作，交織了人際的照顧與情感。臺灣西海岸海埔地的工程，無論是潮間帶或填海造陸的海埔地，為防止波浪與潮汐侵蝕與衝擊堤後土地，海堤常設計成斜坡式斷面，在堤外放置消波塊。在經歷海岸基礎設施的作業後，人、非人物種與自然現象被組織進基礎設施的系統中，海／陸關係轉變的同時，高雄西南海岸沿海採集並未消失，而是連結到不同脈絡形成的海岸自然，與網絡中異質元素共構。本章的出發點則聚焦於非人物種與自然現象如何發揮作用來影響到系統網絡中在地社群及其活動，後者對此又產生什麼道德評價。

　　關於人群與魚的關係，過往的研究（吳映青，2010）已指出漁獲量、漁法海路、近海漁業發展之間的關係，這些研究注意到會影響生產組織等社會關係。此外，也有研究者（吳連賞，1998；林妙娟，2007）探討因為海岸硬體的改變，而使得原先居民漁撈作業難以存續，只得投身其他非漁業、勞力密集的產業。這些研究大多注意到人群、魚、海岸間的關係，但未呈現出海岸基礎設施中各行動者的動態關係，非人物種仍然充滿生機地生存在海岸，當地漁業或採集可能開展出另一種繁盛樣態。

　　近年人類學關於基礎設施的討論中，指出自然經歷基礎設施的作

業後，非人物種並未被排除在系統網絡外，而是也被組織共構，提供人類發展的需求。例如紐約港中 SCAPE 團隊在沿岸養殖牡蠣，希望讓波浪的衝擊能量在穿越消波塊時，能被牡蠣與消波塊共構的礁石所吸收與消解，讓海水更緩慢與安全，藉此延緩在氣候變遷影響下海水與洪水對於紐約的衝擊（Wakefield and Braun, 2019: 193-215）。作者指出，在全球氣候變遷年代下的紐約市，過往很少被視為基礎設施的牡蠣，已經被重新設計與想像成是基礎設施。人類謹慎地管理牡蠣的生命來減緩氣候變遷對紐約造成侵害，藉此來想像自身的生命也能夠被管理與保護。當今非人物種也能作為基礎設施，藉由管理其他物種的生命，來管理人類的生命。

此外，非人物種也可能在基礎設施作業沒有施作時，形成特殊的地景。例如，巴拿馬運河河道上的布袋蓮，在殖民時期是政權清除的對象，但自從轉移給巴拿馬政府後，在部分基礎設施與相關維護河道的投資減少後，導致了河道上布袋蓮的蔓生，對於許多巴拿馬人而言，雜草狀態顯示了國家無投資與全球斷連的過程（Carse, 2019: 97-114）。自然可透過基礎設施的持續作業而維持在基礎設施的狀態，但兩者的界線並非固著，若失去組織性技術持續維持，基礎設施也會變回「自然」，如巴拿馬運河河道上蔓生的雜草。

上述基礎設施人類學對於自然的討論，大多已注意到基礎設施與非人物種並非絕對區別的兩個世界，而是相互構成。此外，非人物種的活動也必須放在特定的歷史脈絡中來理解，來考察非人物種、國家治理、基礎設施作業、全球經濟間交織的關係。例如巴拿馬人經歷過殖民時期投資運河的雜草清理與運河帶來的經濟繁榮，但是當它們再次出現時，則讓他們感受到國家對運河投資的減少，並產生自身被拋

在全球經濟之外的想像。

綜上所述，本章進一步想討論的是，過往理解海岸人工化的歷程，基本上是建立在非人物種是被排除的行動者此一認識上，若帶入近年基礎設施人類學看待非人物種的觀點，則可以如何理解海岸基礎設施與非人物種、自然現象共構關係？在地社群的採集如何與這些行動者互動與實踐，呈現出何種社會關係與想像？首先，本章將從泥沙與魚的角度出發，爬梳從自然海岸轉變到人工海岸的過程中，建成環境與物種交織的空間。從原先的沙灘，是居民沿海採集的空間，但海岸的人工化卻在海岸邊創造出各種海陸場域。這些場域是為了發展目的所打造出來的場址，卻意外地成為物種寓居之所，作為採集實踐的另類位址。其次，我將指出在高雄西南海岸的採集某程度可以看作在地社會關係的「蔓延」，採集的漁獲間如何分配實則牽涉到既有社會關係，而人工化海岸除了符合陸上的發展計畫，也同時變相地對海水及物種產生意外的治理效果，使得採集實踐與社會關係的維持並不穩定，游離在朝不保夕的狀態。此外，人工化海岸也讓海的使用與人際間的責任與照顧變得明晰，連帶地在關係的維持及衝突發生時，牽連到人們的價值評價與社會關係。

第二節　海陸韻律：泥沙、疏浚與跨物種互動

根據〈高雄市填海造陸工程施工方法初擬〉（陳景文、廖哲民，1998）的內容，可知高雄西南海岸海底上面層位的土壤主要是沖積層的泥質細砂。而在高雄西南海岸被填成水泥海岸前，大部分的沿岸遍布著這種泥沙，居民會在沙泥灘潮間帶從事採集，捕抓海生動物，也會在灘地上用泥沙來填築魚塭。但在高雄港十二年擴建計畫時，國家

將內海的淺灘地填成海埔地及疏浚底泥，在第二港口開闢時海底泥沙被挖除，而南星計畫則將往外海填，將潮間帶覆蓋起來，居民的採集位址也逐漸與以往不同。

潮間帶向來是多樣生物棲息的空間，他們需要應付諸多現象間頻繁互動，包括波浪、潮汐、鹽分、溫度或人為活動等。例如在退潮時，面對失去水分的狀況，動物以躲避與忍受來適應，像是具移動性的動物會躲進縫隙、洞穴、海藻叢（例如腹足類動物）；能夠忍耐水分流失的動物如招潮蟹，則會在退潮時出來覓食（戴昌鳳、俞何興、喬凌雲，2014：273-274）。此外，根據不同底質潮間帶也有分類，有不同的生物棲息著，高雄西南海岸的潮間帶底質屬於海洋科學分類中的「軟底質潮間帶」，由沙與泥等非固結底質構成，有別於岩礁之類的硬底質潮間帶。所謂軟底質潮間帶，常見的有沙灘、泥灘、紅樹林、潟湖、河口等，分布在臺灣西海岸大部分區域。高雄西南海岸所在的高雄港一帶，是沙洲形成的潟湖，有無植被的泥灘與沙灘，也有木本植物的紅樹林生態系。不同粒徑的泥與沙組成的軟底質潮間帶，受到波浪、陸源物質、海灘坡度的交互影響，形成大小不一的泥沙灘地，並影響了海岸底質穩定度、透氣度、含氧量等，因此也形塑了海岸生物的豐富程度與分布，有豐富底棲生物生存著，像是招潮蟹或彈塗魚等常見物種。紅樹林生態系則因紅樹林基礎生產力高，在其枝葉掉落被細菌分解後成為有機細屑，成為彈塗魚或招潮蟹等底棲動物的食物來源，同時也吸引以底棲動物為食的鳥類聚集，而它的呼吸根、支持根等特殊結構在灘地上形成複雜根系，提供底棲動物避敵，提供動物繁殖的場所，有助於沿海漁業；此外，它也提供保護海岸或淨化水質的功能（同上引：278-282）。

　　當地採集與泥沙間的關係，從歷史檔案可以看出端倪。在日治時期前，該區域雖然已經有人群活動與往來，但海岸並未經歷大規模且系統性地改造。在清代，今紅毛港地理範圍是以「海汕」稱呼，而「紅毛港」一詞所指稱的地理位置則為高雄港內海的「魚塭」：

　　　　鳳山里魚塭俱在縣之西港內。紅毛港堰（受曹公舊圳下
　　　　石橋溝，周八里許，距縣十八里）、港口堰（受雨水，周三
　　　　里，距縣十五里）、洪水堰（受二全東圳、港仔墘圳，周三
　　　　里）、新堰（受大人宮圳，周三里；以上二口，各距縣十二
　　　　里。以上四口，俱在縣之東南方）。順興堰（受南圳，周里
　　　　許）、德成堰（受雨水，周里許）、裕昌堰（受雨水，周二里，
　　　　以上三口，俱在縣南十里許）。全里共堰七口，均注丹鳳澳。
　　　　（盧德嘉，1960：115）

　　「紅毛港堰」推測是靠近海汕一帶的魚塭，由居民在潮間帶以泥沙推砌土牆形成的魚池。在清乾隆年間，海汕至大林蒲一帶已有漁村聚落，漁民以牽罟來進行捕撈：

　　　　旗後、萬丹，水利能升三倍；大林蒲漁村錯落，而漁
　　　　港、西溪採捕不下千戶。（王瑛曾，1962：10）

　　　　按設寮牽罟，錯居海濱，萬丹、岐後、大林蒲三處魚利
　　　　最多，牽網亦最夥。夏秋採捕諸魚，罟網細密；隆冬捕烏
　　　　魚、塗魠，罟網則堅大。他如蟯港、東港、西溪，捕魚率
　　　　罾、縺、□、□之類，鮮牽罟者。（王瑛曾，1962：120）

　　值得注意的是，漁民是在「海濱」設寮牽罟，不同季節有不同漁法與魚種。另外據清末《鳳山縣采訪冊》記載：

　　　　海汕，在鳳山里，縣南二十里，東連鳳鼻山，西抵旂後山，延袤二、三十里，為縣治眠弓拱案，居民數百家，皆以捕魚為業。（盧德嘉，1962：31）

　　高雄西南海岸在清代已有人群居住，並以捕魚為業，而大林蒲一帶也多有漁人居住。雖然關於高雄西南海岸的清代史料不多，但透過清代史料可以推論出，在清代當地已有漁民居住與漁業外，他們活動與作業除了冬季捕烏魚，人們多在海濱或者自行圍築魚塭，日常的採捕漁業也相當盛行。

　　在日治時期，高雄西南沿海仍是一片沿海沙洲，這時聚落已形成旗津、紅毛港、大林蒲、邦坑與鳳鼻頭，附近有魚塭與農田，有的居民填築魚塭，或在潮間帶從事淺灘海生物的採集。沿岸潮間帶與近海隨著漲退潮韻律而有不同狀態，這種亦海亦陸的韻律，恰好可以用作養殖，日治時期也開始引進並實施現代化的漁業組織及法規。早在日治初期的 1897 年就有相關漁業調查，掌握高雄沿海漁業的各方面狀況——舉凡漁戶數、男女數、漁筏數、漁網及漁具的數量與價格、漁獲物種及漁獲量，以及漁獲每斤的價格。從《臺灣總督府公文類纂》中，當時所記載的資料，可知魚筏種類有鯊魚筏、飛魚筏、臭魚筏、烏魚筏等；魚網有烏魚藏、飛烏網、鯊魚緄、臭魚緄；魚種有旗魚、烟仔魚、鐵甲魚、烏鯧魚、赤鯮魚、吻仔魚、堯仔魚、加望魚、加納魚及飛烏魚，各有捕撈的季節。以捕烏魚來說，當地使用搖鐘網，大多在淺海區域作業。「漁民捕魚，以兩、三艘竹筏，拖曳搖鐘網，搖

鐘網所需勞力較地曳網少，且機動性高、作業範圍更廣，搖鐘網之作業漁場在淺水海域（5-30 公尺深），海底為平坦的沙質底，漁獲種類繁多。」（張守真、楊玉姿，2018：74）紅毛港至鳳鼻頭近海一帶，都有使用這種漁網，可見當時仍有淺水海域，海底有豐富而平坦的海沙，適合用來拖網漁業。根據當時紀錄，當時漁戶數及漁獲收益遠高於公學校教師的月薪。如上述的經濟漁業及魚種，以及較少記載到官方紀錄的採集實踐，因為有這樣的海陸域而得以蓬勃發展。不過到了戰後的 1950 年代，捕烏魚的方式則從搖鐘網漸由巾著網動力漁船所取代。

二戰後不久，高雄西南海岸逐漸被劃入高雄港的陸域範圍內，隨後鄰近海域也被劃入港區（楊玉姿、張守真，2008b：125）。爬梳高雄西南海岸的歷史，會注意到水與陸交界的海岸不僅是多物種存在的豐富潮間帶與居民沿海採集的空間，也是戰後國家治理的標的，透過基礎設施的作業，打造出國家可以取用自然的位址。這個區域被納入高雄港範圍的過程中，一方面高雄西南海岸受到國家發展思維的認識，在改造海岸建成環境的同時，也牽涉到不同尺度行動者及知識動員。如第三章所述；另一方面，原先沿海的物種、建成環境與人群間的關係，也隨著海岸基礎設施化逐漸改變。接下來我會描述戰後高雄西南海岸的漁業活動與海岸人工化的關係，嘗試理解海陸韻律與泥沙的重要性。

1948 年《動員戡亂時期臨時條款》發布，隔年實施戒嚴，海洋活動受到控制，海域也是戒嚴時期國家權力管制下的空間。漁民出外海捕魚，受到規定時間的干預，一般來說清晨 4 點以後才能出海，晚間 10 點以後則禁止出入。但在每年冬季烏魚汛期，這項規定則是

極其不便的，因為烏魚來的時間並不固定，但囿於海上活動時間的規定，使漁民錯過烏魚，損失慘重：

> 他們捕魚的範圍分為外海內海兩區，在這區域內都可以自由地在海上捕捉，近來自從內海上政府准許有錢的人納租築塘養魚後，捕魚的範圍已經縮小了不少，外海也因為戒嚴的關係，不能到遠洋去捕魚，所以在產量方面已不如從前；也正因為如此，魚價很快地漲起來，過去一斤米可以買十三、四斤魚，現在卻只能買二、三斤魚了，魚價漲固然對漁民有利，他們還是希望能擴大捕魚的範圍，因為目前的漁區內所產的是有限的。（中央日報訊，1950）

捕魚範圍受到影響，使得紅毛港、大林蒲的漁民生活受到影響，無法出外海捕魚。且內海因為政府的允許，部分海域被改作養殖場，使得過往以撿拾潮汐海生物的生計活動遭限制。相關海域的禁令，因漁民的陳情（聯合報訊，1951），1952 年南部治安當局開放在烏魚汛期間取消宵禁，從當年的 12 月 1 日至隔年的 3 月 31 日，讓漁民在此期間得以出海捕烏魚不受宵禁所困（胡忠一、范雅鈞，2016）。但凡此種種，可看作在戒嚴時期，海上作業的海域受到影響之例。紅毛港至鳳鼻頭主要生計來源為潮間帶，包括紅毛港東岸、大林蒲東北岸及沿臺灣海峽一側的灘地。而在外海每年 12 月中至隔年 1 月下旬所從事的烏魚捕撈，則以內外銷市場之用，不是主要的日常生活食材。不過在其他季節也有盛產其他魚種，且由於烏魚游經紅毛港至屏東一帶時恰巧為烏魚卵相較成熟的狀態，讓高雄西南沿海漁民豐收，烏魚子的銷售也相當好。例如 1951-53 年，紅毛港漁市場銷售漁貨甚至都是

為高縣之冠，可見其獲利（高雄縣政府，1954）。

　　漁會戰後在地方事務上，扮演重要角色。例如，紅毛港漁會在1951年年末，烏魚魚汛將至前，召開烏魚組的組長座談會，並請求政府在漁汛期間開放宵禁（聯合報訊，1951）。此外，漁會也介入處理漁民糾紛，如在1954年，紅毛港與旗津中洲漁民因內海漁場前鎮草衙一帶侵犯的緣故，雙方因而聚眾大打一架。這也可呼應上述報紙記載，當時內海部分人士得到政府允許而得以自行興建養殖漁場，受到影響的部分紅毛港、大林蒲人常因進行撿拾蛤蠣等野生海產物誤闖他人的養殖場。事後紅毛港漁會與當地海汕派出所警方於臨時村民大會上，對此進行宣導與調解（高雄縣議會，1954）。

　　漁會不僅扮演維持地方社會秩序的部分功能，也負擔起漁村現代化的角色。事實上，自從1950年代起，隨著國民黨政府來臺，政府開始實施與加強經濟項目的現代化，包含農漁業等的現代化；此外在冷戰與國共內戰的環境下，沿海漁村還負有漁民組訓等海防功用，其編制也依照「里」的劃分施行。大林蒲、鳳鼻頭、紅毛港等地都有被納入編制。例如在1949年臺灣省政府發布〈臺灣省各級漁會、漁業生產合作社吸收會員、社員及改選理監事應行注意事項〉、〈臺灣省各級漁會、漁業生產合作社吸收會員、社員資格審查須知〉等法令，用以加強漁民動員工作，加強漁民組訓與武裝漁船（高雄縣政府，1954：133-136）。1952年，時任臺灣省主席的吳國禎，由臺灣省民政廳長楊肇嘉陪同下，前往高雄視察。期間他們曾前往紅毛港，檢閱船舶艦隊隊員、接受紅毛港漁會獻旗、巡視紅毛港漁民衛生室及訪問與視察當地漁業發展（楊肇嘉，1952）。

　　在漁村現代化建設上，當時高雄縣政府則訂定若干方針：

（1）加強漁政領導，凡漁業漁民均得加入組織健全之漁
會，接受其計畫生產指導；（2）獎勵建造漁船，建設漁港，
改良漁具，訓練技術人才；（3）整頓魚市場，加強漁市管
理，削除中間剝削，平準魚鮮價格，以確保生產者與消費者
利益；（4）建設現代漁業共同設施，以便利漁業經營；（5）
舉辦漁業貸款，辦理漁業增產競賽，以鼓勵漁業生產；（6）
推廣陸上池沼稻田養魚，以利用立體水面空間之魚類繁殖生
產，增加農村副食營養；（7）其他如漁業遭難救濟撫卹慰
勉，漁業用水之管理，加強軍民合作，于海防宵禁，便利漁
民出海作業（高雄縣政府，1954：43）

在這些現代化設施中，其中有改變海岸硬體設施的海堤施作，呼
應到本書第二章的自然本體分析框架，戰後初期主要以海堤為主要的
海岸基礎設施，建成零星堤防或漁港。高雄縣政府在紅毛港建造了漁
船碼頭一座，1953 年竣工；1953 年起也施行「漁船放領」，鼓勵漁民
使用動力漁船，美援建造之漁船則分配給漁會使用，並給予漁民技術
訓練，使用動力漁船。此外，也鼓勵以巾著網等現代漁具來取代傳統
漁具，並提供漁村漁業基礎建設，如用以方便指明漁船日夜進出漁港
方向的標識桿，1950 年代初期也已在紅毛港建立。紅毛港漁會也提供
衛生室、播音站、理髮室、漁民代筆處、漁具加染場、漁民書報閱覽
室、營養供應站、漁民副業傳習班與信貸等相關福利措施（高雄縣小
港區漁會，出版年不詳）。

但漁會在海岸硬體或其他方面的介入，也表現了國家權力深入在
地方上。如紅毛港漁會的播音站，提供了下列功能：

1. 供應漁民在業餘時間聽取播音、作業餘之娛樂、藉資恢復疲勞精神、加強生產力量及憑明瞭社會各項情事、以期推展漁村教化、改善生活環境、而憑革除陋習。
2. 協助政府宣傳政令、使漁民知所遵奉、加強守法精神。
3. 報知風信、使漁民早知提防、免遭不測災害。
4. 傳達各項警要事項、使漁民知所警覺。
5. 傳播省內各廣播電臺節目、供漁民聽取、以憑提高社會常識、而圖提高漁村文化教育、改進漁業技術、發展漁村經濟、藉謀改善漁民生活、增進漁民福利為主旨、特於中華民國 41 年 9 月 20 日、舉設漁民播音站。（高雄縣小港區漁會，出版年不詳：21）

　　上述提到 1952 年省主席吳國楨的視察，1953 年繼任的省主席俞鴻鈞亦在南部視察時來高雄西南海岸的社區視察，並透過紅毛港當地廣播，利用當地「漁民之聲」向八千多名居民發表演說（中國時報訊，1953a）；此後歷任省主席嚴家淦、周至柔、黃杰都曾來到紅毛港視察（聯合報訊，1956a；中國時報訊，1957，1967b）。當時的地方社會菁英，多在議會場合爭取海堤，藉此改變當地氾濫的處境。例如，曾任紅毛港漁會理事長，任內推行上述衛生室、播音站、福利社等業務的楊萬興，後來任高雄縣議會議員時，曾經提案水利局繼續修建紅毛港第四期海堤工程（高雄縣議會，1956）。他的陳情書內容所提的，即是紅毛港因長期氾濫，致使人物等財產損失，當時被國家看作「落後」漁村的象徵，且已有聲音認為需要移民遷村。

　　紅毛港至大林蒲一帶因暴雨或海嘯引起的氾濫，從日治時期紀錄可知由來已久，但不確定是否隨著周圍建設使得自然環境改變，造

成氾濫、土壤流失等情形越發嚴重。但這個現象在國家治理海岸思維下，海岸作為技術官僚研究客體，研議要興建海堤或將海岸周圍填築水泥。根據 1950 年代這時期報導，已可見端倪（中央日報訊，1953a，1953b，1954，1955，1956a，1956b，1957a，1958；中國時報訊，1954，1955，1956，1957；聯合報訊，1952，1953，1954a，1954b，1954c，1955a，1955b，1956b，1956c）。在俞鴻鈞視察紅毛港時，針對當地是不毛之地、人口密度佔全臺最高，連孩童玩沙也被視為落後現象，認定當地居民「需要移民」（中國時報訊，1953b）。水利學專家也在《臺灣水利》上撰文，指出當地海岸之所以侵蝕，是因為下淡水溪（今高屏溪）土砂來源漸減的緣故（馬澤春，1954：16-18）。由此可知，改變建成環境與治理知識的建構是同時進行的，一方面高雄西南海岸零星地建設起海堤及漁港，但另一方面專家知識研究海岸與水利學，將當地海岸作為研究客體，理解成砂質壞土，將氾濫歸因於地形與漂沙流失。

被劃歸高雄港範圍的高雄西南海岸，也逐漸受到國家治理的關注，投射發展的想像，高雄港政治經濟地位開始轉變。尤其高雄港十二年擴建計畫、二港口開闢計畫，影響高雄西南海岸甚鉅，大規模且有系統地對海岸進行物質實作。「高雄港十二年擴建計畫」一方面浚深高雄港，將淺水的砂土挖除，另一方面將前鎮、小港等地漁池、漁塭填築為工業用地，如煉鋼廠、造船廠、加工出口區（楊玉姿、張守真，2008b）。當地居民早先以內海淺灘區域為生計活動範圍，但由於擴建與填築工業用地，許多報導人表示在這之後就沒落了。此外，高雄港第二港口的開闢，則是在有關政府機關協商後，決定於紅毛港北部、連結旗津中洲處開闢第二港口（中國時報訊，1965b；聯合報訊，1965b）。

　　高雄西南海岸灘地的泥沙與紅樹林，在早先海岸狀態扮演了重要的角色，海生動物、微生物甚至社群採集，都需要泥沙的中介及轉化。也因此高雄西南海岸具有生產力，可以把其他物件轉化成工作與生計來源。以前曾開過摩托車行的柯桑說：「有客人都會用稻草當草繩，先浸在高雄港的泥沙裡，捲一捲，然後就可以用來綁紅蟳，包起來是原本體積的兩倍，這樣做可以用來保鮮，賺了很多錢，這個客人賣紅蟳賺了很多錢。」（田野筆記，20180815）因為內外海有泥砂，居民會從事簡單的採集，泥沙與其他東西結合後，可以用作另類用途──它讓其他沿海的活動成為可能，作為生物活動與採集的基礎。

　　泥沙也讓海陸之交的空間轉換需要有其他實作的介入。高雄西南海岸的外海原先是沙灘，漁船大多直接停放在沙灘上。那時候大部分的船筏都是這樣，也沒有漁港可以停泊。紅伯從年輕時就在當地工業區工作，船筏是他娶了住在鳳鼻頭、家族世代捕魚的太太後才有的，閒暇之餘在沿岸採集。他回憶起以前還沒有鳳鼻頭漁港時的狀況。

　　　　我問起說鳳鼻頭漁港蓋多久、以前還沒蓋之前的樣子，跟為何會捕不到魚。紅伯說，以前這邊都是沙灘地，漁筏上岸都是四個人要去拖上岸的，漁港大概是十年多前才興建的。（田野筆記，20170724）

　　以前的自然海岸是沙灘地，上下岸都需要靠幾個人一起，無法個人獨力進行，上岸與下水要靠人力才能在海水與砂灘兩種場域間轉換。類似的描述，我也從阿旺伯那邊聽說過一次：

　　　　我想到之前聽紅伯說過之前沒有鳳鼻頭漁港，所以就問

　　阿旺伯鳳鼻頭漁港大概什麼時候有的，他說：「應該有二十、
三十年了。」在這之前從鳳鼻頭到大林蒲到紅毛港，船筏都直
接放在沙岸上，「紅毛港本來也有個漁港，有些船會放在台電
出水口。」我好奇問原本沒有漁港時，這裡是否也有漁船，他
說也有，他也是在漁港開始有之前就在捕魚。以前是直接放
在沙地上，如果要下水時需要四個人一起往海水搬或拉船，
才有辦法下水，但有漁港後就不用了，船就直接放在海面。
他笑著回憶說，如果颱風來的時候，還要提早把船拉到更上
面那邊，他邊用手指了右手邊往鳳鼻頭聚落的方向。（田野筆
記，20190724）

　　根據阿旺伯的回憶，二、三十年前這一帶漁筏直接放在沙灘上，
有些船原先放在紅毛港的漁港或台電出水口，這些位置大多是水與陸
的交界地帶，且水位會隨潮汐或出水而有所改變。在海岸人工化的前
後，船下水的方式與人力需求並不同，有漁港前，船要用人力拉才能
下水，在颱風來時要先好幾個人把船拖到沙岸更上面；有漁港後，船
直接放在水面，不用人力拉。沿岸泥沙作為重要的中介物質，讓採集
作業的上岸與下海都需要人力進行轉換，且需要一定的人際間的互動
與互助。

　　除了人力的需求，泥沙的存在也模糊了海岸的邊界，但在一系列
的人工化建設中界線逐漸明確（圖4-1）。在大林蒲、鳳鼻頭外海的南
星計畫填海造陸，起初是因為周邊工業區傾倒工業廢棄物在海岸邊，
但在1990年代政府提出興建南星計畫後，開始有系統地填築，並且
興建海埔地的周圍圍築海堤，劃分出清楚的海陸邊界。

圖 4-1　鳳鼻頭漁港
資料來源：楊柏賢拍攝（2019 年 7 月 26 日）。

　　從現在鳳鼻頭漁港走進南星計畫的新生地，會先走上一個樓梯，整個漁港這時候看起來是被一整片海堤所包圍起來。走上樓梯後，是階梯狀的水泥海岸與消波塊，這個區塊還算是在鳳鼻頭漁港的外港，有些消波塊底部還看得到一片灰黑色的沙灘，海面上有人在游泳。（田野筆記，20190724）（圖 4-2）

　　在物質上區分海陸的界線，例如將海岸填築水泥，是讓海岸變成國有的方式。在紅毛港遷村前，靠近紅毛港西南海岸的還有許多沙

圖 4-2　鳳鼻頭漁港外港海堤與沙泥灘地
資料來源：楊柏賢拍攝（2019 年 7 月 26 日）。

灘地，但在紅毛港遷村後，當地被劃設為商港區，禁止海釣，海岸土
地被國有化。經營釣具店的老闆娘有次跟我抱怨起周邊海岸被劃設為
港區，讓他們經營的釣具店生意受到影響。於是他們的釣魚協會就開
始爭取在當地人俗稱的「五粒仔」可以合法海釣。可以看到，當地居
民透過舊港區硬體向政府機關申請開放海釣。釣具店老闆娘的話語呈
現出原先自然沙岸的公共性，允許包括非人行動者在內的任何一方進
入，而這些在海岸被填築成水泥岸壁後，成為國家可以管理的海岸客
體。

　　她也向我陳述了原先的自然海岸是具有生產力的自然。自然海岸

的生產力來自於它的開放性，透過不同物種間的互動，能夠產生可用的資源，為當地人所用。往外填出的人工海岸沒有這種不同生物參與的場域，生產力被國家壟斷，無法自由地進出使用海岸資源：

　　她和她先生開釣具行開很久了，以前開在紅毛港台電「出水口」附近，後來搬到大林蒲中油活動中心旁，但可能因為之前那塊土地有徵收爭議，所以大概民國 104 年就搬到現在的位置。她說以前釣魚行很多都自己來，也都取自臺灣海岸資源，像是當作釣餌的海蟲，老闆娘詳細介紹了怎麼抓，「我們自己把死雞放在沙灘上，海蟲就會出來，我們看到後再把這些海蟲從沙裡拉出來。」但大概二十多年前就沒有了，現在都是從大陸空運的，「畢竟大陸很多海岸還沒有填起來。」她稍微無奈地說，臺灣海岸都「往外填」，微生物都沒有了，所以都要靠進口才有海蟲魚餌。

　　我問說這邊劃設成商港區大概什麼時候？她說紅毛港遷村那時候，大概民國 95 年左右，「在那之前都是沙岸，可以自由去五粒仔或南堤釣。」變成商港區後，無法自由進出，海岸也往外填成碼頭，而且紅毛港遷村，釣具行生意就變差了。以前生意大概是現在的十倍，沒時間坐下來休息，「凌晨3、4點人客就在門口排隊。」老闆娘像是說著小道消息的口吻說，「變成商港後，港警會來抓，」「港警有些話說得很難聽餒，」像是要沒收魚貨、沒收釣竿，「一天好幾次都來巡。」之前有個南星計畫門口的保全，講話很不客氣，很常刁難釣客，「在地人怎麼可能忍得下去。」後來他下班後，幾個人就把他「蓋布袋」，拖去揍了一頓，然後丟包在路邊。也有些港

警會把釣客趕走後，自己去釣或找同事來釣。（田野筆記，20190722）

在還是沙岸時，當地人可以自由進出，使用海岸的資源。且不只人，動植物也可自由地在這片海陸交界地帶生存，具有公共性。但是在往外填之後，微生物沒有了，無法任意進出，無法從事原先生產力的勞動，這個時期剛好也是海岸被國有化的過程，在這之後就成了商港區的用地。此外，原先還是自然海岸、基底的泥沙還在時，海岸的公共性也可以作為在地採集實作的基礎。

阿花孃也跟我描述過泥沙對於當地漁業與採集的重要性，她說以前這邊抓魚賺很多，即使沒有要把抓到的拿去賣，一般居民也會赤腳踩在泥灘地，脖子掛簍子抓魚。自然海岸有內海淺灘泥沙，是採集漁業的基礎，當這個基礎不再，魚類與水生動物也不再，當地人「上岸」，去附近工廠工作，開始從事一些薪資勞動。

> 但是二港口開闢後，內海淺灘泥沙被挖除，改建為工業區用地，就沒魚了，外海的烏魚也變少。很多紅毛港人就去附近中鋼、中油做工，而且大多是臨時工，因為正職的是要考試的，紅毛港人很多都不識字，國小放學都去抓魚，畢業後就沒讀了。她弟弟也是討海的，但有在存錢，很早就在外地買房子，後來就做些工程，所以在還沒遷村前外面就有房子，轉業也比較順利。（田野筆記，20180129）

她的描述提到，二港口開闢時挖除了內海淺灘泥沙，之後就沒有魚了。沒魚後大多男性去國營企業工作，且多是臨時工，無法從事正

職工作。內海淺灘泥沙是物種生活的場域，當海岸因建設而將泥沙挖除、被填築成水泥海岸後，海岸的公共性也消失，採集實作也較難存續。阿花嬤那次氣憤地用臺語批評了這些海岸建設的後果：「紅毛港人以前抓魚賺很多錢，有賺錢的就大概會花在讀書，或者是在外地像是林園、小港買地。但阿姨說，這主要是在二港口開闢以前，開闢後紅毛港人漁業就『死』（sí）一半。」（田野筆記，20180129）

高雄第二港口的開闢，主要因應高雄港十二年擴建計畫進行，需要疏浚內海與填築水泥岸壁。此外，海陸韻律會將泥沙反覆帶至高雄港，產生泥沙淤積，因此需要不斷定期讓挖泥船清理港內淤泥，以使港口得以持續運作。但沿岸採集需要淺灘泥沙，當硬體建設挖除泥沙，在地的漁業就會有困難。

圍繞著自然海岸的泥沙，原是物種繁盛地生存的場域，在海岸朝著人為改變，填築成水泥海岸或填海造陸後，對當地人而言，伴隨的是社會經濟生活型態的轉變。每次去到阿花嬤家拜訪，問到在地的漁業或過往的生活時，她總會興奮地比手畫腳，述說以前生活的場景。

> 她形容二港口開闢前的漁業盛況，內海有西施舌、螃蟹、紅蟳之類的，她年少時常會在脖子掛一個竹簍，看到在海沙浮浮漂漂的地方，代表有螃蟹之類的，這時就手挖下去就會抓到，然後就可以裝在簍子裡。外海的話，主要是去抓烏魚，「烏魚抓來是自己要吃的，如果要賣的話就會拿到紅毛港的小港漁會賣，就會開始喊價，100、200、300 開始喊。」她覺得，紅毛港人基本上四季都有各自的魚可以抓，什麼季節就吃什麼。（田野筆記，20180129）

　　國家為了發展需要，透過組織性的技術，模塑出能提供服務的自然。對於 20 世紀中期起，清楚的海岸線成為治理的目的，透過將海岸人工化，將處在模糊界域的泥沙挖除，水與陸有了清楚的界線。如前述，原先沙岸時船的上岸與下水需要基礎設施中介來轉移，例如社會關係等軟性基礎設施，但在清楚的海岸線被劃設出來後，船在海陸域的轉換則需要其他機具等硬體基礎設施來操作。而屬於陸地的人工化海岸也會對於水域的海水產生作用，例如海流等因素被改變，重新形塑出採集捕魚的海域界線。有天傍晚在鳳鼻頭漁港遇到良姐跟她的先生泰叔，趁著颱風剛過海水有被攪動，他們打算出海放個鐵簍子抓螃蟹。泰叔站在船筏上，將簍子串起，良姐在岸邊把簍子整理好遞給泰叔。

　　　坐在我旁邊的良姐跟我說，這個漁港只要是偏南風，浪都會很大。「以前這支起重機還沒壞時，比較小的船都會吊起來，拖到地面上，放到後面的廣場；如果比較大的船，就從那邊（她指著漁港另一邊有緩坡的岸壁）把船拖上來，一次付大概 2,000-3,000 塊。」不過現在颱風來了這些漁船都還在漁港水面上，是因為起重機壞了沒人修理。我問良姐說，平常他們出海後都會去哪邊，她說往南會到鳳鼻頭這邊而已，「之前往北會到紅毛港那邊，不過中油那個地（洲際貨櫃填海造陸的新生地）現在凸出沿岸後，就比較不會過去了，因為再出去的話浪會很大，海流也比較快，像我們這種小隻的承受不住。」（田野筆記，20190810）

　　在目前的人工漁港，需要透過起重機的機具將船吊起，方能在海

陸域間轉換。相較之前的泥沙，這些機具需要維護，若相關單位沒去修理，就像良姐說的，颱風來了船都還在海面上。此外，新生地海岸的建造，也會改變海流，魚群聚集的位址也會改變，原先在地居民的船隻可能也會無法負荷漁場所在的海流狀況。

　　海岸物理上的改變，雖然劃分出清楚的海陸界線，發展思維要將原先棲居物種排除，但實際上物種並不一定會照著發展計畫成長，新的海岸無法完全將非人物種排除在外。相反地，清楚劃設的人工海岸也可能有物種棲居。人工化的海岸令人意外地創造出多樣的物種群聚空間，產生了不同採集位址（圖4-3）。釣具店老闆娘跟我分享過高雄西南海岸各地點的採集實踐狀況：

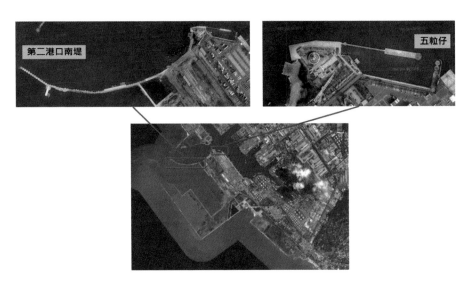

圖 4-3　第二港口南堤、五粒仔位置圖
資料來源：底圖為內政部國土測繪中心，作者套疊重製。

我問道：「會因為在不同區塊，有不同的海釣時間或釣魚技術嗎？」老闆娘說如果是在「五粒仔」，是要看潮汐的，漲退潮比較多，「魚也像人，會怕熱，會躲在深水。所以大多會在比較涼的時候才會出來。」不過像（洲際貨櫃中心外海的）南堤那邊海釣，因為海堤突出去，遇到洋流會在海堤岸邊打上很高的浪，之前還沒「洲際填土」時，在南堤會有 10 層樓的浪打上來，一直以來有大概幾百個人被打下去。「大多都是在吹西南風的時候，」洋流從南往北，比較常有大浪。現在洲際填土往外海填出去，漁民只好爬牆去更外面釣，但常因此吃到紅色炸彈，「很常一罰就 3,000 塊。」不過老闆娘也表示鳳鼻頭漁港那邊流刺網太多，也不好釣，而且「現在魚都不照季節來，魚也亂掉了。」她常聽到客人這樣說（田野筆記，20190722）。

現在在高雄西南海岸出現幾處新興的採集位址，像是五粒仔（圖4-4、4-5）、南堤、鳳鼻頭漁港，這些區塊原先都因各自發展目的而設置，但卻意外地成為物種繁盛地棲居之所。就像老闆娘所說「魚群跟人一樣怕熱」，所以清楚劃設的海岸在岸邊創造了深水區域，讓魚群可以躲藏。此外，因為不同發展目的興建的海岸基礎設施，適用不同的釣具及漁法。

從自然到水泥化的海岸，創造出不同的海陸空間，魚群與人構成不同的情景，且居民或釣客也以不同技術來在沿海進行漁業採集。有次午後跟楊星大哥去到「五粒仔」，有零星幾個釣客在釣魚。旁邊是洲際貨櫃中心的土地，目前租借給陽明海運。

圖 4-4　五粒仔（第十船渠）圓沉箱岸堤
資料來源：楊柏賢拍攝（2019 年 3 月 1 日）。

圖 4-5　五粒仔
資料來源：楊柏賢拍攝（2019 年 3 月 1 日）。

　　楊星大哥說，在陽明貨櫃區下方中空的水域，有許多魚群聚集，所以釣客會來此釣魚，不過外海還是比較多人。以前這裡是紅毛港人聚集垂釣的空間，但在遷村後這塊地禁止進入，但一些紅毛港遷村的居民或大林蒲、鳳鼻頭的人還是會偷爬進來釣魚。楊星大哥說，五粒仔這邊最近由「南友釣魚協會」跟港務局爭取可以合法釣魚的，目前希望讓它24小時都開放。

　　我們跟在長堤上的釣客聊了一會，他說沒釣到什麼，楊星大哥跟他說南堤那邊應該還是比較多，他友善地回，「嘿呀，但爬進去後要走一段路，所以都要再拉推車載東西走去。」然後揹著保溫箱跟釣桿離開。楊星大哥後來跟我說，釣貨櫃區下方海面的魚，釣法會跟浮釣不一樣，線要比較長。（田野筆記，20190301）

圖4-6　第六貨櫃中心岸壁下中空的水域
資料來源：楊柏賢拍攝（2019 年 3 月 1 日）。

　　填海造陸有些地方底下是中空的，反倒成為魚群聚集的空間（圖4-6），且在釣海面與貨櫃區下方中空區域的魚，釣法不太一樣。可見人工化的海岸不一定是排除了水生物種的空間，實際上可能就像洲際貨櫃中心水面下，或者是五粒仔、南堤，都有可能意外地成為魚群聚集的地方。而海岸人工化後，提供了不同大小漁船停靠的可能性，且不同漁船所規範的海里數限制與漁法不同，能夠捕到的魚種與數量也不同。有次坐在鳳鼻頭漁港邊，紅伯一手拿著小剪刀，一手拉起網子，把破掉的魚網的洞補起來。

　　　　我問紅伯這邊的漁船都去哪裡捕魚比較多，他說要看船大小，「像前面這艘它比較大，可以到三、四海里。」我問他的船是哪一支，紅伯指著正前方水面上的船說這艘，它只可以出去大概一兩海里。我詢問了不同漁船有沒有不同漁網，他說比較大的那種是用流刺網，「大的小的都抓」；他自己的船不是用流刺網、是浮刺網，「出海後就直線行進，邊放網子下去，每一段會有一個保麗龍的漂浮物，上頭插著會發亮的旗子，過一段時間後再沿著原來船的路線把網子網船上拉、收回來。」並說這裡的漁船大部分都傍晚，但主要是凌晨3、4點的時候出去。但像中芸那種船，他們一次出去都是兩艘，把魚都圍起來，大部分都傍晚出去，半夜才回來。（田野筆記，20190724）

　　紅伯說，大的漁船使用流刺網，小的則是浮刺網，他本身是使用後者。而影響中芸與鳳鼻頭漁港一帶漁船大小差異、出海時間的原因，其中之一即是漁港岸壁的高度。中芸附近漁港岸壁高度較高，超

過 1 公尺，能夠讓使用流刺網的漁船停泊作業，一次兩艘出去，通常都傍晚到半夜在海上捕魚。鳳鼻頭漁港的岸壁距離海平面的高度較低，退潮時大概 +1 公尺，漲潮時會淹到與岸壁上沿同高，甚至會淹到漁港地面，這樣的海水與岸壁高度讓小型船筏能夠直接把網子拖到港口岸壁平面。這裡的漁船通常不是將漁獲當作生計來源，而是用來自己吃或分送給親友；且大多白天都有工作，因此多數清晨 3、4 點出海，7、8 點就回港。

經由潮汐與波浪引起的漂沙，漂往經基礎設施作業的高雄西南海岸，底棲生物仰賴這些泥沙生存，在地沿海的採集也因這些漂沙而得以存續。由於當地因早年填海造陸與潮間帶海埔地的工程，填築的岸壁水深較深，波浪衝擊岸壁海堤造成海埔地的崩裂，雖透過投放消波塊來保護海岸構造物，但仍造成岸壁的崩裂。上述那些不斷經由潮汐與波浪漂來的泥沙，搭配投放消波塊形成人工淺礁的藻場，對於減緩波浪衝擊的作用近年受到關注，也計畫在高雄西南海岸施行（高雄市政府工務局工程企劃處，2006：17-20）。

可見泥沙的作用與基礎設施作業的矛盾，一方面海埔地工程劃分出清楚的海陸界線後，需要持續不斷的浚挖等維持作業，來應付海陸韻律帶來的漂沙；但另一方面泥沙又成為海埔地岸壁保護的元素，形成藻場來減緩波浪衝擊與保護生態。此外，基礎設施作業例行的挖除底泥或海埔地直立式海堤，會導致底泥減少，與沿海採集仰賴底泥形成的底棲生物環境產生衝突。紅伯就曾針對洲際貨櫃中心填海造陸，抱怨抽砂讓海底的魚變少：

　　我也問到像洲際工程，有在鳳鼻頭漁港外海抽砂，那對

捕魚會不會有影響，紅伯說會，因為魚也需要吃東西，（手指著前面水泥地）像如果只有地，沒有泥沙，魚就不會來，海底要有泥沙才有魚聚集。我問說那最近有比較好嗎，因為聽說洲際貨櫃工程已經抽完沙、填好土了，他斷句地說：「有、有啦……慢慢的。」我提到之前看到有新聞說張吉雄跟一些漁民抗議洲際工程，他說他那時候也有去，大概中芸、林園、鳳鼻頭都有漁船，總共大概兩百艘去抗議。他說他們那個工程賺很多錢，「我們去抗議，他們才會給錢。」他說這也是張吉雄說的，說張吉雄本身也是做海事工程的，知道這個利潤很多（田野筆記，20190724）。

紅伯描述從來自高屏溪沖積下來、沉澱在外海的漂沙，與底棲魚群有著共生的關係。「有泥才有魚」的認知是他長久下來的經驗；而透過魚群的減少，他也因而懷疑並批評是因海岸工程的抽砂造成；也提到前幾年附近漁船聯合起來，圍港抗議因填海造陸而減少底泥，導致漁獲減少。從這裡可以得知，漁民感知魚群的多寡，仰賴海底豐厚的底泥，而與海岸基礎設施的作業產生矛盾。

本節試圖描繪高雄西南海岸從自然轉變成人工海岸的過程，其中環境、人群與物種相互組成網絡，人工化並不一定讓物種排拒於人為打造的自然之外，而是依然有韌性地存活在新興的海岸基礎設施的網絡中。在自然海岸時期，泥沙作為重要的基礎設施，中介在海陸之交的泥沙具有模糊性，讓海陸之間的界線不明確，使得沿海物種棲息與居民採集實踐得以可能。船的上岸與下水，都需要人力來轉換，才能在海與陸間轉移。而自然海岸可以是不同人與物種都自由進出，這種公共性正是在地的採集得以繁榮的基礎。但在另一方面，人工化的海

岸雖然透過物質實踐區分了清楚的海陸邊界，將處在模糊空間的泥沙挖除，連帶也將海岸的公共性抹除，但物種並未在這個過程中消逝凋零，而是有韌性地生存在人工化海岸所劃設的海陸之際。自然作為基礎設施，往往不是照著原先發展計畫的思維在實際上嚴格地區分海陸場域，反而生產出多樣的縫隙，在這些縫隙中物種與人生長出來。過往居民的沿海採集並未消失，而是與多樣的海岸本體及物種共構，這些採集也連結到社群關係，及彼此責任的建立與拉扯。

透過上述對於泥沙的討論，可以探討基礎設施系統「縫隙」的含義，一是基礎設施意圖外的結果，與基礎設施作業間有著矛盾；二是海陸韻律產生時間—物質性效應，不斷在基礎設施的網絡中鑿出物質裂縫；三是在這些物質裂縫中產生了非人物種與採集者的新興棲息場域。這部分關於泥沙的討論，我試圖說明基礎設施的意外結果，產生了跨物種寓居的縫隙。

第三節　縫隙現生機：沿岸採集與在地社群關係的維繫

高雄西南海岸附近出現幾處居民採集的位址，例如上述的五粒仔、洲際貨櫃中心的南堤、台電出海口與鳳鼻頭漁港。有些是合法開放海釣的區域，有些則是開放漁業的捕撈，但也有的是未見合法從事漁業活動的空間，居民或來自高雄其他地方的人會來這裡進行捕撈。接下來以鳳鼻頭漁港的在地人紅伯一家人為主要田野對象，描述他們日常的採集實踐，這些採集因物種的韌性而得以可能。採集實踐與日常生活中漁獲的分配，如何關聯到社會關係與地方感的維持，但卻又處於不穩定、朝不保夕的狀態；在這人工化的海岸場域，恰好作為人際的義務與照顧的節點。這是接下來段落所要講述的故事。

　　紅伯在 2011 年時從臨海工業區的一間日資工廠退休，這間工廠主要是製造工業用的太白粉。紅伯說外資工廠大多有年限，時間一到就會撤廠，2011 年時被資遣，他後來陸續做過幾份工作，但都不適應，想說年紀也大了，就乾脆退休。他現在只要有空，天候狀況允許，就會駕著自己的船筏出港去捕魚，通常都是清晨 3、4 點出發，7 點就回來了。聽他描述，鳳鼻頭漁港像他這樣從附近工業區退休或資遣後，沒有繼續工作而來捕魚的人不少。不過他不是退休後才開始抓魚的，從年輕時他就會在上班前、下班後或週末來漁港捕魚，像他這樣的人也不少。鳳鼻頭漁港意外地成為了從工業區離開、失業或退休的人聚集的場域。紅伯的太太曾說：「鳳鼻頭漁民協會的會長他們也不是一開始就抓魚，也是在外面工作。啊他（指著紅伯）當到工廠的某個主任，但後來那間日資公司撤掉，對安全比較有疑慮啦，工廠沒了他就想說不要做了，本來都是管人的，變成要給人管，不做了，乾脆就來抓魚。」（田野筆記，20190804）。

　　一天早上，紅伯清晨出海，近 7 點左右回到鳳鼻頭漁港。船上保溫箱內有剛才抓到的漁獲，他把保溫箱放到漁港岸邊的水泥地上，走上階梯狀的岸壁，小歇一會。在他的船停靠好時，他太太卿姨與女兒綵鈺也已經到岸邊，穿整好雨鞋及塑膠手套，用塑膠籃子在岸邊地上疊起來，最上面擺上一塊砧板，將保溫箱內一條條魚傾倒在砧板上。卿姨拿著短而扁平的菜刀，熟悉地在魚肚上劃上兩刀，取出內臟，綵鈺也用同樣方式清理漁獲，但速度沒有卿姨來得快。他們要將這些漁獲賣給長年下來熟悉的客人，多半是親戚或朋友。清理完一些漁獲後他們開始用袋子分裝。我坐在岸邊階梯上看他們處理漁獲，卿姨跟綵鈺跟我解釋他們偶爾會抓到的「好魚」：

　　卿姨把一些漁獲倒在籃子上，有石鱸（星雞魚、雞仔魚）、嚴公仔（紅目鰱、大眼鯛）、黑點仔（單斑笛鯛），並說嚴公仔這種淺紅色的魚是比較好的魚，「這種跟剛剛那個鰱魚一樣，」但「比較小條」，她講這句時比較小聲，我聽到背後有一位阿婆的聲音，她剛來到現場，感覺卿姨不想讓這個阿婆聽到她拿到的其實是比較小的魚。卿姨坐回切魚時坐的板凳，戴上黑色防水手套，再戴上常見的紅白橡膠塑膠手套。她手指著砧板上嚴公仔說這種魚比較好，她特別留給剛剛來到阿婆四姨。然後兩人也聊起怎麼料理的話題，也聊到稍早來跟她拿漁獲的夫婦倆，感覺四姨應該也認識。卿姨跟四姨說：「他們（指剛才那對夫妻）昨天來，留 2,000 給我，說要哪些哪些魚，我跟他說『這樣不行，因為還要分給別人啦』。」並說每天抓得多、抓得少又不一定，不一定每種都有，而且現在魚越來越少。後來又聊到另一對夫婦，卿姨也跟四姨說：「其實沒有要幫他們切魚處理的餒，但因為她不會，就想說幫她弄，不然怕他們之後就不來買了。不然像外面，哪有人會幫忙處理到這樣的。」

　　在聊天當下，卿姨與綵鈺正巧清理完魚內臟，把魚分作兩袋，四姨突然說，「要不要把那一隻跟文瑜的換？」卿姨立刻說：「真的假的，安餒母賀啦（這樣不好啦）！而且這一袋都是石鱸餒。」四姨催促道：「可以啦，就換個一兩隻。」卿姨好像心領神會了什麼，說：「啊反正妳等下兩袋也都要拿去給她那邊冷凍起來。」然後就在兩袋換了一兩隻種類不同的魚。（田野筆記，20190804）

　　採集漁業需要顧慮別人，無論對方是親戚、朋友還是純顧客，「怎麼分配」牽涉到當下的情境及與對方的關係。公平的漁獲分配其中一個方式，可以是透過平衡好大小漁獲的數量來進行，就像是卿姨在四姨來到前，把比較小隻、但數量多時價值與鱸魚類似的魚，預先分給四姨。但是漁獲越來越少且每天抓到種類不穩定，這對於像是卿姨分配漁獲時更加斤斤計較，考慮當天漁獲種類與數量、與對方的關係來分配。就像是四姨要換魚時，卿姨露出這樣會難做人的語氣，但在後來心領神會什麼後才將四姨與文瑜的漁獲互換了幾隻。沿海採集的漁獲分配，牽涉到人際間關係的維持，透過當下情境的判斷來分配。在這個過程中，漁獲物種的數量與種類及其不穩定性，也在在影響了分配如何能夠公平與維持一定的關係，但也造成採集與分配產生緊張。卿姨說，他們其實不太需要靠這些漁獲來維持生計，所以不會拿去市場買賣，而主要賣給「熟人」，她會考慮對方跟當下有什麼魚來分配。

　　採集漁獲的分配，不是一個表明的規則，事實上「如何分配」是無以言說的，透過當下情境中的採集者、買魚的（親戚、朋友或純顧客）及物種（漁獲）等一連串組合，才能做出「平均」的判斷。有次我在漁港邊，趁當下沒有其他買魚的人在場，詢問卿姨她通常怎麼分配。

　　　　在場只剩我跟紅伯一家人。閒聊了一下，卿姨說她都會稍微分一下魚再給對方。「因為每天抓多抓少不一定，」我感覺她在講述時，似乎覺得難以描述。也再提到剛剛第一對來買魚的夫婦倆，「他先生給我 2,000，我說沒法度餒，啊安餒我沒辦法分比較好。」我說：「是平均分配嗎？」卿姨語氣遲

疑地說：「欸……嘿啦，也可以這樣說。」她似乎覺得有更精準的描述。也說：「因為都是已經買幾十年的，都知道誰吃多吃少。」（田野筆記，20190804）

　　她的描述表現出每天採集能夠抓多或少很難說，每次都要當下進行判斷。她認為判斷分配得好的標準是「平均」，每天來買的人、對他們的認識、他們的口味及當天魚種等組合，是她判斷的來源。透過漁獲間的不同組合，就能找到適合的分配方式，也表現出跟對方關係的遠近。

　　卿姨邊切與分裝，她女兒這時好像說要給誰哪幾種魚，正在切魚的卿姨用臺語說：「謀啦，給他那麼多幹嘛，剛好就好。」並說要把哪幾種魚分給另一個人，邊說邊把魚放到一個不算大、約雙手大小的塑膠袋裡。看起來包好後，她丟了一小隻螃蟹進去。（田野筆記，20190727）

　　採集時抓到的螃蟹並不是他們分配時的主要物種，而是魚類為主。組合這些物種進行分配的過程，螃蟹有點類似附屬物種，表現出一種給對方「意思意思」一下的感受。採集漁獲總是要精心計較，不同種類與數量漁獲要給得剛好。

　　但在海路不好的狀況下，分配漁獲也可能成為家人衝突的原因；這個情境也加劇採集者與對方的關係，漁獲的大小與種類連結到對於對方的認識感。某天早上卿姨一家在分配漁獲，他們的周圍同我前幾次來時一樣，母女兩人中間放著塑膠籃、砧板，身旁放著幾個塑膠桶、保溫箱等。腳邊已經有些魚鱗與碎肉，看起來已經清了不少漁

獲。

　　紅伯在講手機，用臺語問對方說：「啊你要不要一些魚？」同時，卿姨有點氣憤地說：「麥啦～不夠了，你跟他說沒有了！」紅伯愣著，繼續講電話，幾秒後就掛斷了，然後跟卿姨說要差不多200塊（的魚）。卿姨用臺語說：「夠實在是夠，怎麼這樣做事，這樣我是要怎麼分？」他女兒說：「沒關係啦，就給他一點……」卿姨瞪著綵鈺一眼，「怎麼連你也……這樣子好像是我做不對餒……」她手邊繼續清理著魚鱗與魚內臟。空氣中留下緊張的氣息，沒人說話。

　　過了大概1分鐘左右，她們彼此又開始聊個一兩句。後來卿姨從一袋塑膠袋中，將大概七、八條約棒球大小、體型圓圓的魚倒在砧板上，呈灰白色。她女兒說：「媽這個花令仔（小牙）不要給水伯仔他太太，他都煮湯而已，只喝湯，把魚肉丟掉。」卿姨說：「這可以吃餒，幹嘛丟，賀啦這個留著。」清理完這種小魚後，隨後他們開始分裝漁獲，分裝前會先說，這個要裝多少錢的。像是一開始分裝時卿姨說：「水伯他們要200塊夠？」他女兒說對，卿姨把一些小魚分給他，然後自言自語地說：「他們不喜歡吃大的，給他們一條就好。」放了一條約20幾公分的魚到放有很多小魚的袋子。（田野筆記，20190814）

　　紅伯與女兒綵鈺擅自決定要把當日漁獲分給「額外」的人，這讓卿姨大為不滿，抱怨這樣會讓會讓她分配漁獲時無所適從。分配採集漁獲需要高度考量對方狀況與當下魚種，分配得不好的話可能會導致

關係緊張。此外，不同魚種的組合，也可以作為對不同對象的因應，例如那天袋子裡有一種小魚花令仔與其他大魚，可經由數量的搭配來將它們做「平均」的分配。

採集漁業的不穩定來自於沿岸魚種的狀況，跟周圍海岸的人工化有關。當原先模糊地帶的泥沙被挖除，取而代之的是清楚的海岸線與海陸界線，加劇魚群生活空間，也讓採集相關的分配、關係維持增添不確定性。關係的維持，往往牽涉到「承諾」，但採集場域的變遷，及物種本身的特性，都在在影響到承諾的兩難。

綵鈺與卿姨如前幾次我來的時候那樣，現場處理漁獲，刮魚鱗、清內臟等。紅伯坐在岸壁階梯上喝著混了威士比的經典海尼根。他們三人聊到了四姨，卿姨說四姨昨天也有來，說要哪幾種魚，「我跟她說『母湯啦，還要分給別人的餒，這邊要怎麼分』。」卿姨說現在出去抓比較少，四姨不能說指定要什麼魚。我看到他們手邊在處理的漁獲體型比較小，他們也聊到有些魚比較難處理，卿姨說：「有些人會說我把魚肉切爛餒，我叫他們來現場看，自己看！我跟他們說『有頭有尾，就是一尾』啦。」（田野筆記，20190805）

發生在卿姨與四姨間不能言說的緊張關係，表現在對於漁獲的承諾。沒有一個人可以獨佔當天採集到的漁獲，每天的漁獲都是在與不穩定的物種數量與種類協商過程中判斷與決定。當有人想要獨佔特定種類時，就會成為八卦的話題。

在附近海域逐漸因填海造陸與其他發展計畫，陸域隨之延伸往

海域，時不時就會有謠言會說「這附近的魚有汙染」。一次早晨在港邊看卿姨他們處理新鮮漁獲時，綵鈺拿著手機，看到地方上的臉書社團，跟紅伯他們說：「聽說最近又要去抗議、圍洲際貨櫃填海造陸餒，」卿姨邊切魚邊說道：「齁，應該又是有人在放謠言，說鳳鼻頭漁港抓的魚有汙染、有毒，所以沒人敢買，要去抗議一下。」（田野筆記，20190727）居民透過附近填海造陸工程的海埔新生地，作為證實或回應謠言的位址，讓從事沿海採集的居民找到回應「抓不到魚」的方式。

人工化的海岸，也可能成為在地社會關係得以投射其上的硬體。在鳳鼻頭漁港，目前有許多船筏，但有許多荒廢，幾乎沒在出海，偶爾才會開出去。船主不只有鳳鼻頭當地人，也有大林蒲與紅毛港人的漁船，可能因為南星計畫填海造陸或紅毛港遷村時大林蒲與紅毛港被禁止停泊，所以部分居民就將船移到漁港擺放。事實上，鳳鼻頭漁港呈現出豐富的在地社會關係圖景，在漁港岸壁船筏的位置與大小，反映出隨家族世代遞嬗，船筏隨時間越造越大，它們停泊在岸邊的位置也隨著海岸人工化而固定下來，有親戚關係的船筏通常比鄰停泊；而即使親戚不住在同一聚落，彼此義務的維繫仍鑲嵌在漁港船筏的空間位置上，這點在卿姨親戚船筏之間的關係可見一斑。卿姨是鳳鼻頭當地人，親戚中也有不少人有漁船，現在都停放在漁港。

　　「像我是鳳鼻頭人，阿北（指紅伯）他是臺東來的，但我們家是正港ㄟ抓魚的，我爸爸以前也是捕魚的，我不知道阿公以前的狀況，但我們是至少三代都是抓魚的，其他親戚也很多捕魚的。」她指著前面港內幾艘船筏，說：「你看那第三艘，是我爸爸他哥哥的孫子的，」她比喻船筏也有三代，「那

第三艘是我爸爸的哥哥的，」「右邊第一艘，是他的兒子的，」「剛剛說的第三艘，是他的孫子的，」「像船也有三代，它也是慢慢在變，你看它越來越大。」

「再過來這艘（指著右邊第四艘），是他的（指紅伯）。」我說那他們大家都會出海嗎？卿姨說不一定，「有時候他（指紅伯）會幫他們開出去，因為漁保有規定至少要90天才有35,000可以領。」我問再過去這邊這幾艘也是她的親戚的嗎，她說對，「像這三艘（指紅伯的船左邊三艘）是我舅舅那邊親戚的，我舅舅不在了，他有三個兒子，啊我這樣會不會說太遠……」，我說：「喔沒關係。」，她繼續說：「我舅舅他有三個兒子，就一人一艘。」「因為之前紅毛港遷村船有賠償，現在這邊也在說要遷村，所以像他們就想說可以先留著，這個漁港內很多船都是在等遷村時會有補償。」我一樣問了那這三兄弟也都常常會出海嗎？卿姨說三兄弟的老大老二有工作，但第三個沒有，就只有抓魚，「他就幫忙哥哥開出去，所以就輪流開這三隻出去，」「沒有開出去不行餒，一年至少要90天，才有漁保35,000可以領。」（田野筆記，20190727）

在紅伯漁船周圍的是他太太親戚的船隻，且三個世代的船型大小有所不同（圖4-7、4-8）。親戚之間的照顧會表現在「幫忙開船」出海，有些是在外工作有拿薪水的就交由親戚開出去，有些沒工作的就開漁船。這個在全臺各地漁港口都有的現象，在鳳鼻頭漁港進一步被銳化，因為當地人預期未來會領到遷村的補償金，所以將漁船放在漁港，但船停在漁港則需要滿足義務，要維持在人工化海岸的義務的方式之一，即是透過原先在地的親屬關係來維持。在水泥化的海岸，船

圖 4-7 紅伯親戚船筏位置圖一
說明：①紅伯；②卿姨的大伯；③卿姨的大伯的孫子；④卿姨的大伯的兒子。
資料來源：楊柏賢拍攝（2019 年 7 月 27 日）。

隻有了出海限制，這個責任可經由「幫忙開船」，表達仍屬於同一個
聚落或親戚關係、共享權益的感受。一天傍晚，我來到鳳鼻頭漁港，
漁港沒什麼人，有群中年男性在鐵皮棚子下圍坐在一起聊天，他們坐
在板凳，中間放著一張小板凳，上面有白色塑膠杯與綠色半透明啤酒
瓶，塑膠杯中有的半滿，有的全空。我看到不遠處紅伯一人在某艘船
上加油，但似乎不是他的船：

> 我問紅伯剛剛他加油的那支船筏，感覺跟前天停的位子
> 不一樣，所以在港內是否可以任意地停在其他位置。他說那

圖 4-8　紅伯親戚船筏位置圖二
說明：①卿姨舅舅的小兒子；②卿姨舅舅的二兒子；③卿姨舅舅的大兒子。
資料來源：楊柏賢拍攝（2019 年 7 月 27 日）。

　　支船筏不是他的，是他朋友的，因為一年至少要出去 90 天，
剛好紅伯自己的船筏今年已經超過 200 次出海了，他朋友的
則不到 90 次，「互相幫忙一下。」他說如果沒有 90 天，會領
不到漁保；他自己的如果超過限制，也領不到，所以剛好用
他朋友的船出海。（田野筆記，20190724）

　　船筏停靠在特定位置，表示每個船位的私有化。據紅伯的描述，
以前還是沙岸時，沒有出海限制與特定船位置。這個義務表現在「幫

忙開船」，這成為一種表達朋友關係與共享社群利益（同樣作為可能遷村的在地人）的方式。船筏停的位置也隨著原有的泥沙被挖除，建成海陸分明的港口而改變。從自然海岸到水泥化的海岸，漁船從放在沙灘上改成放到海面，有次卿姨跟我解釋「鹹氣」：

> 我詢問卿姨他舅舅的兒子三人，因為兩個哥哥有工作，弟弟幫忙開船，那這樣他就可以三個月輪開一艘船筏，卿姨說：「欸，還是要每個月都開，你知道有『鹹氣』（kiâm-khì）嗎？不知道你曉得這個嗎？就是像車子它放著也偶爾要開，船也一樣。但鹹氣謀同款喔，那個鹹氣從下面，如果你漁船那個引擎都用帆布蓋著，裡面會歹去（pháinn-khì），所以要常開。」她繼續說：「啊無法度啊，所以那個漁保規定 90 天也是有道理啦，保障你的船可以這樣出去繞繞，不會壞掉。」我笑說：「所以那個弟弟也算是幫他哥哥顧船。」卿姨說：「丟、丟啦。」我說：「這個漁港很多船都是卿姨你們親戚的？」她說嘿呀，「像這四隻（指他爸爸的哥哥的三艘船跟紅伯的船）欸……是我比較親的人，然後這三隻（指舅舅的三個兒子的）算親戚的嘛，啊再過去（手面朝左邊）就是朋友、算同事的了。」（田野筆記，20190727）

從卿姨的描述中可知，海有「鹹氣」，會讓船壞掉，所以需要常開出去，「幫忙開船」開船成為親戚或朋友連結的方式。鹹氣可以看作是一種水的延伸，混合了氣體結合而成，對卿姨來說，鹹氣的運作是會讓物損壞，讓在漁港空間有船隻的人們需要開船出去。這是在海陸界線被清楚劃分出來後，鹹氣的重要性被凸顯，產生一種船要開出

去的義務，而這種船必須被開出去的義務，藉由親戚與朋友關係來維持與流動。但鹹氣所產生的顧船義務不一定只是社會關係的再現，反而是重塑了社會關係，例如上述卿姨舅舅的兒子們互相幫忙顧船。而它也牽涉到跨越特定地域的社群，當居民今天不再住在高雄西南海岸一帶，鹹氣所產生的顧船義務某程度也讓人們還是能夠連結起來。

不過船隻照顧連結到關係的維持，也處於不穩定的狀況下，甚至可能起衝突。漁民對於遷村與賠償的預期，加劇人際間的衝突，也會影響到漁港船隻的照顧義務，以「不幫忙看顧」來表現。另一方面，船隻出海限制與停靠位置也是在漁港此一硬體出現後，船位私有化與海陸關係改變的情境下，才產生的照顧義務。有次早晨，卿姨與綵鈺處理與分裝完漁獲後，就回去休息了。我跟紅伯坐在漁港階梯的較上面，他縫著清晨剛用完、有破洞的漁網。旁邊放著一臺小型、紅色的收音機，播著廣播，聲音聽起來是兩個主持人，彼此用流利的臺語在聊天，分享一些健康資訊或時事話題。我跟紅伯聊到一半，他跟我抱怨起卿姨的親戚：

> 他覺得她岳父的哥哥的兒子他做人很不好，「我本來也有介紹他來我原本那間公司工作，結果後來公司撤資不做了，我們都沒工作了，他還說我怎麼介紹他去做這個、是不是故意害他？啊我怎麼知道！」紅伯又說：「本來我戶籍是設在他家，算是個人戶，但後來他要我把戶籍遷出去，啊我覺得很奇怪啊，戶籍設在你家又不會影響你遷村時拿的補償金，對不對？而且這裡漁港到時候如果遷村，戶籍如果設在鳳鼻頭會比較好，比較不會被刁難，像我其實住在林園，到時候可能政府會刁難說我戶籍不在鳳鼻頭。」「後來我就把戶籍遷到

我朋友家，但是就不能是個人戶了，這樣到時候拿到的賠償金會比較少。」紅伯說後來就跟他沒什麼往來了，平常在漁港這邊也不會特別幫忙看顧他的船，我問：「那這三艘（也是阿姨的舅舅三個兒子的）他們有常來漁港嗎？」紅伯說其中有一個有盜賣銅片的，幾十年了，公司覺得不對，「照理來說例如給五個，用了兩個，剩下三個要繳回去，結果都沒繳還，後來發現他們盜賣，就把他們大概 20 幾個人開除了，所以現在這個人也沒有工作，就抓魚而已。」我問這個漁港還有沒有是他的親戚的，他說沒有了，其他就是朋友或同事而已。（田野筆記，20190814）

親戚之間的衝突，也可能導致不再幫對方看顧漁船。縱使都是親戚，都也有分比較親或比較不親的，表現在看顧船隻。

透過紅伯一家人的例子，顯示長久以來在泥沙灘地上的採集漁業，在周圍轉變成漁港與填海造陸的土地後，關於陸地的治理也同時代表著治理著海洋，影響到非人物種的生存空間。原先在此地採集的人群，在上述的建成環境變化後，面臨的不是生計的困難，而是關係維持的課題。魚群本身的能動性與在當今的海岸環境中採集的不穩定產生了不穩定的魚與水，都銳化原先透過採集建立的關係。此外，船隻的照顧也是在人工化海岸後出現的責任，透過幫忙開船出去可以體現彼此的關心。但在遷村的情境中，也可能因此以「不幫忙看顧船隻」表現出人際的衝突。

第四節　小結

在高雄西南海岸，人群、非人物種及海岸環境的關係不停地轉變。國家藉由重塑建成環境，打造出海陸分明的海岸空間，但並沒能完全將人與非人物種相互分離。隨著人工海岸的產生，產生了各種物種相遇的空間，以及海與陸新的關係的空間，這些空間具有倫理與政治意涵與實踐，重新模塑出人與非人物種及人際的關係。但這個過程並非治理方所預見或樂見，人工化海岸充滿不確定性與意外，且海岸基礎設施並非一定是封閉的系統，有時候因為疏於管理，或是抗議，或是治理思維轉變，產生各種多物種互動場域與關係，居民與海、物種的實踐與地方經驗也一再被重塑。

在高雄西南海岸的人工化前，泥沙構成了海陸域之間模糊的界線，這個隨海陸韻律亦水亦陸的空間，正好成為了沿海物種得以棲息的位址。但在人工化後的海岸，海陸界線被清楚劃分出來，物種過往棲息的空間不再，許多居民回憶說原本的採集與買賣無以為繼，只好上岸。本章透過民族誌材料，指出海岸基礎設施並未劃分出如此絕對的界線，且沒有照著發展計畫所預期的開展，而是隨海陸韻律開展出多樣的棲息空間，物種的韌性也在其中發揮作用。基礎設施系統的「縫隙」意外地成為物種喧騰的場域，在這些縫隙也出現社群的沿海採集之所。

生長在基礎設施縫隙的物種，與社群之間產生採集的網絡，另類的社群關係得以在此處展開。因為退休或被資遣的中壯年男性，或是對遷村賠償金抱有預期心理的在地人，將船隻從原先自然海岸移往人工化後的鳳鼻頭漁港。他們並不仰賴採集漁獲的收入，而是透過採

集所建立的買賣或交換關係，開展出照顧與地方連結。在人工化海岸的採集實踐，需要斤斤計較地分配，每次的分配都是一系列的組合，牽涉到與對方的關係、物種種類、物種大小與物種數量，需要顧慮他人，需要給予「承諾」。但漁獲的不穩定性及周圍海岸建設改變魚與水的關係，也讓採集漁業及交換處於更加不確定的狀態，無法輕易地承諾，成為與親戚、鄰里與家人衝突的因素。且人工化海岸使得船的出海有了限制，但在當地特殊的遷村情境中，衍生出「幫忙開船」的責任。原先社會關係可能映照在人工化海岸，親戚與熟人之間相互照顧船隻，但關係的破裂也可能產生「不幫忙顧船」的結果。本章的民族誌故事，可以回應基礎設施不可預期性的相關討論。

在 Harvey、Jensen 與 Morita（2017a）等人關於當代基礎設施的指引書籍導言中，提到將基礎設施當作技術性地中介與動態的形式，它持續生產與轉換社會技術（sociotechnical）關係。基礎設施是經延伸的組裝，不論是透過有計畫與目的性的操作或是無計劃的活動，都產生效果與結構化社會關係。因此基礎設施不僅在內在具有多樣性，也具有對外連結其他元素的能力。有計劃的基礎設施，在失敗時仍會產生意外效果。這些討論基本上認為基礎設施在失敗、荒廢或全球斷連（disconnect）時才會產生意外的效果，或意外效果是基礎設施失敗時的產物，忽略了它的動態過程本身就充滿不確定性與意外，且在此之中有著基礎設施的日常生活，物種與社群蓬勃地交織在其中。

Subramanian（2009）以印度科摩林角（Kanyakumari）區域的海岸線與沿海漁村為田野地，探討技術、海岸基礎設施如何生產出空間，並與較為都市、文明的內陸地帶在對比之下形成較落後、種姓階級的海岸空間，塑造出特定的海岸主體。當地居民在空間的使用上，

隨著時間與殖民與後殖民政權治理差異，產生天然海岸、水泥港口等各種海岸基礎設施，使得操持手工漁業、拖網、刺網等不同漁業技術的人群之間產生空間權力的宣稱與競逐；另一方面，技術差異也影響了基礎設施的物質形塑與法令規範。此外該書作者也點出港口、水泥沿岸、堤防等海岸基礎設施的建立，從而成為國家得以介入治理或資本投資的節點；此外也帶入海水與魚的能動性，說明了基礎設施塑造與空間生產不可避免地與之交織在一起。作者指出了海岸基礎設施與空間生產的關係，在這其中看到非人物種及人群漁業採集的種種技術如何鑲嵌在基礎設施所生產的空間，並由此產生道德評價。

高雄西南海岸的基礎設施化，也可看到這個動態過程之中，物種與社群採集實踐隨著海岸的人工化產生新的空間而進駐，並在日常不斷變動的建成環境與破碎的物種棲息場域，社群體會到關係的維持與脆弱。在日常的採集實踐與分配中，人們不斷因應不確定的漁獲而絞盡腦汁如何維持「平均」的分配，也透過幫忙顧船來展現已經不在同個聚落的親友人際照顧，在這些海岸硬體的劇烈變遷及近年對遷村的期待／恐懼中，維續其不穩定的關係。

第五章　結論

第一節　前言與經驗性意涵

　　本書以戰後高雄西南海岸為研究對象，探討當地社群與海岸變遷如何交互影響與共構。過往對該區域的研究，大多將焦點放在社區，將海岸等自然作為社會文化的背景，因此關於居民在海岸的實踐只關注到經濟價值的漁業，並以線性且單向的角度描述海岸變遷後，相關的漁業實踐也沒落。與此相比，本研究則同時藉由檔案與民族誌故事的爬梳與分析，發現海岸與社群間的關係比過往研究描述來得更複雜；比起將海岸當作社會活動的背景，我將它視為靈活且充滿意外的「基礎設施化過程」。戰後海岸治理的思維與實作有其脈絡，海岸的生成與持續，與當地居民生活密不可分。

　　在研究方法論的架構上，本書提出兩個次要問題來處理核心的問題意識。分別是：海岸作為一基礎設施，在人工化的過程中，經歷建立、維持或毀壞，海岸基礎設施牽涉到哪些行動者？及在這過程中如何動員專家知識？另一方面，居民與其他非人物種如何交織在海岸的動態過程中，在此共同生活與建立關係？對高雄西南海岸的居民而言，在這超過半世紀的時空中，海岸地景大規模且快速地變遷，不僅反映在對經濟漁業的影響上，這個人工化的海岸牽涉到居民過往的採集實踐、透過採集實踐所維繫的社群關係、非人物種棲息、土地所有權觀念、對未來的想像、環境影響評估，及與國家間的協商等面向。探討這些層面的交織過程，會發現社會與自然的關係已不若以往所認為的如此靜態且簡單，在社會與自然共同形塑的過程中有意外的縫隙產生。

　　本研究的材料除了日常生活的民族誌資料之外，也運用了史料檔案，希望能夠同時兼顧民族誌的微觀層面及歷史檔案的跨尺度（時間、空間或場域）視野。這是基於本書所研究的面向不僅是從戰後至今、跨越長期的變化，更是考量人工化海岸所牽涉到尺度及行動者的範圍很廣，需要田野工作所預設的「以身為度」以外的視野。故在材料的鋪陳上，我並未將檔案視為民族誌故事發生的背景，或將檔案視為次於田野材料，而是將檔案所建構的歷史敘事同田野感知及報導人訪談相互參照。

　　本書的經驗性意涵共有兩個，一是海岸基礎設施狀態的協商與需索無度的環境，二是海岸基礎設施的縫隙所產生的跨物種寓居、異質社群建立關係的場域。首先，我將高雄西南海岸變遷放在臺灣海埔地打造的脈絡中進行檢視。海岸的基礎設施化，重新建立起不同尺度行動者的關係。專家透過動員知識、論述將它固定下來，塑造成符合特定發展意圖的地形。但它內在的矛盾又讓它需要不斷被維持，專家與國家官僚必須投以監測，另一方面居民透過參與在環評會議，將自身感知經驗與自然的不確定性相結合（例如海陸韻律），來與治理方協商。從這個角度能夠重新探討國家、地方、海岸之間複雜的關係。這可以回應本書問題意識中，關於海岸人工化連結到哪些不同尺度的行動者，及彼此如何協商與動員。其次，海岸基礎設施的縫隙也意外地成為跨物種寓居的場域。南星計畫與過去高雄港擴建計畫形成的海埔地，並未照著發展意圖完全排除水，也成為魚群等非人物種得以介入的縫隙。在此當地居民仍持續採集實踐，但海陸韻律已被基礎設施作業轉變，也影響了非人物種的棲息場域與規律，這對於採集實踐的人群及透過漁獲分配所維繫的社會關係產生不穩定的狀態。這點則能回應問題意識中，關於居民與非人物種如何在人工化的海岸共同生活與

建立關係。

　　綜合前幾章的材料與分析，接下來我試圖指出本書的理論性意涵與未來研究可能的發展方向。首先，透過檔案與民族誌故事的分析，重探自然與社會的關係；其次，在民族誌材料的基礎上，本書希望與自然作為基礎設施相關研究對話；最後，回到本書問題意識的起點，說明更靈活地看待自然與社會的關係，能夠對於臺灣西海岸社科研究與人類學關於漁業與社群的討論提供一些分析觀點。

第二節　理論性意涵

一、重探自然與社會的關係

　　藉由高雄西南海岸的例子，可以看見更加豐富的自然與社會的關係。自從戰後起，國家等治理者便藉由轉變海岸，來遂行發展主義的目的，在高雄西南海岸逐步藉由海岸工程，建立起臨海工業區。不同於自然海岸，從自然轉變到人工海岸的過程中，牽涉到採集實踐、對土地由來的認知、土地所有權、與國家的關係，以及與非人物種與海的關係。接下來會分別藉由第二章討論到的海岸不同的自然本體牽涉到的「主體」形塑、第三章關於海岸人工化的「知識與行動者」動員，及第四章人工海岸對於「非人物種與社群採集」的分析，進一步說明自然與社會的關係。

　　本書在第二章區分出四種海岸的自然本體，這些都連結到不同的政治與經濟的要素。海堤、潮間帶海埔地、填海造陸海埔地及生態工法填海造陸，分別以基礎設施作業在物質實作及知識上產生作用。海堤是 40、50 年代以前常用的海岸治理的對象，但並未將海岸全然

排除在海水之外，且也沒有將當地居民及其活動當作無經濟效益的社群。在 50 年代末在全臺各地興起的潮間帶海埔地，這個地形的打造牽涉到海岸工程學知識，並界定出水深 5 公尺的潮間帶，透過圍堤與疏浚將水排除陸地，使海岸完全成為陸地，劃分出清楚的水／陸界線。且在發展主義的觀點下，將過往居民及與海岸相關的實踐當作是無經濟效益的落後人群。在高雄港十二年擴建計畫時，為了將海岸轉化成更富經濟效益的自然位址，將居民魚塭與淺灘地疏浚成土地，居民在訪談中也多次提到當地漁業的沒落與海岸被轉化成海埔地的關係。在 1970 年代起填海造陸的治理思維引進臺灣後，國家在臺灣各地海岸打造大規模的填海造陸。填海造陸訂定出水深 20 公尺的淺海區為可施作範圍，但海岸工程學並非外在於自然環境之外的知識，得以直接作用在海岸，而是透過海岸工程學者在地的經驗，「系統性」地考量人與非人要素進行施作。相較於前一時期，填海造陸往更深的水域，且從原先沒有陸地的地方，填出陸地。除了形塑出能夠系統性協調的海岸工程學家，居民對填海造陸也並未如前一時期的潮間帶海埔地有日常親身經驗可以參照，但卻對於填海造陸有所恐懼。在高雄西南海岸的經驗中，南星計畫對當地居民而言是汙染或廢棄物組成，且也讓居民連結到對未來開發的想像，而在填海造陸的打造過程中，大多數牽涉到大型的機具，這些也與國家與大企業的發展計畫有關。不同的海岸自然本體，居民的經驗與能動性也有不同程度與樣態的展現。

第三章探討海岸人工化的過程如何動員知識與行動者，居民又如何參與在建立或維持之中。在知識層面，海岸的人工化牽涉到科學論述與在地知識，兩者間可能相互形塑，無法當作劃分專家與居民的清楚界線。在南星計畫的環評會議的例子中，國家官僚與專家藉由引用

數據、法規或專有名詞來論述海岸人工化的「完成」，產生劃界的效果：海岸人工化是專業場域，跟自然海岸不同；但現場居民也會援引專家知識，且參照自身生活經驗，來發展出一套關於海岸「未完成」的論述，在此可以看到各方在知識上的協商。

知識的動員並未孤立地運作，也牽涉到海岸地形打造的物質面向，可以分成兩方面來討論：基礎設施的作業企圖將對象從背景中分離出來的實作，以及海岸自然本體網絡的不穩定性。海岸工程的實踐試圖將海埔地「對象」從海岸「背景」中分離出來，這個過程中專家也動員知識及論述來「固定」海岸的狀態，這表現在讓海埔地不受潮汐、波浪、漂沙等海陸韻律時間作用影響的基礎設施作業。但海岸異質系統的物質抗拒「基礎設施化」的意圖及實踐，尤其展現在土地變化上。像是填築土方的流失、海堤崩裂、地盤下陷，都是交織著海陸韻律的海埔地物質變化出現的不穩定現象，這也牽涉到海岸基礎設施打造與維持的組織性技術「如何」將物質與地球作用力組織進網絡（例如採取的回填方式等）。海埔地物質對專家意圖的「抗拒」，恰好成為居民得以用來反駁官僚與專家的能動性基礎，專家也必須對人工海岸予以持續的監測與維護。在此可以看到海岸「地形」並非靜態且外在於社會，它的完成與未完成牽涉到它隨著海陸韻律展現的物質特性，抗拒專家與官僚企圖固定的意圖，居民與國家官僚及專家也在這個過程中協商它的狀態。

在第四章關於非人物種及採集實踐的討論中，高雄西南海岸的海岸人工化未能將非人物種排除在海岸網絡之外，而是寓居在海陸韻律形塑的場域中。如第三章所討論的，人工化海岸內在具有不確定性，第四章則試圖描述這種矛盾恰好使跨物種共同生活成為可能。自然海

岸亦水亦陸狀態中的泥沙，作為非人物種棲息的場域，也是當地居民過去採集的空間。但在海岸人工化後，這個模糊空間被基礎設施的作業劃清界線，海與陸是不同的空間。但是海岸內在的不穩定性也是非人物種破碎的棲息空間，居民在此透過採集實踐來維持與建立過去與地方或與親友的關係。但此處的採集與交換充滿不確定性，每次交換都牽涉到與對方的關係、當天漁獲的種類與大小，需要顧慮別人，關係的建立與維持需要承諾，但在此地的採集交換卻又無法給予承諾。此外居民也透過幫忙顧船，來表現與已經不在同一聚落的親友的關係，但關係又隨著海岸工程的爭議而有衝突。在此可以看到，海岸異質系統中介在人群之間與物種之間關係中，當地日常生活的採集交換在海岸變化中不斷地實踐著。

　　本研究第二、三、四章都描述了自然與社會間更為動態的互動，並不像以往認為社會活動發生在自然背景之上如此簡化。我發現自然作用力與社會活動等元素在基礎設施作業下已經重新建立關係，因此能被連結到跨尺度的治理網絡。這部分可以從動員行動者協商地形的狀態、或在地與國家間的治理關係來探討。而基礎設施化的自然也不單作用在地方，也會作用在跨尺度的異質行動者上。因此自然與社會間關係更加多樣複雜，彼此不斷相互共構。

二、對於自然作為基礎設施的反思

　　本研究除了在社會與自然的面向，也希望提供現有的基礎設施研究一些補充。目前對於自然作為基礎設施的研究，探討這些自然的本體是什麼，又連結到哪些行動者來打造自然地形，及基礎設施被當初計劃者賦予能持續地朝向未來運作的時間性，形塑基礎設施能夠永遠保有它既有的功能，但它實際上並非如此，因而在它毀損或經翻修

也會產生其他時間性，讓人類行動者質疑它是否能「持續朝向未來延展」，產生停滯或倒退的時間性。接下來我會以第三、四章的民族誌故事的分析來回應目前以基礎設施視角分析自然的研究。

首先，基礎設施所建立的系統，並不一定是封閉，而是本身就是開放的系統。在第四章的第二節中，我分析人工化海岸的劃界效果，透過比較自然海岸與人工海岸的進用性，並以高雄西南海岸的第六貨櫃中心所在的紅毛港為例。早先還是泥灘地時，是物種群聚棲息的空間，居民也能進入採集與其他實作。但當它被劃設為商港區後，其中一位報導人向我表示那個區塊同時被填成港區岸壁，原本的微生物都沒了。但在人工化後，雖然海與陸的界線被清楚劃分出來，但並非絕對排除了其他行動者的介入，而是反而創造新的物種棲息與互動的場域。就像是在第六貨櫃中心下方中空的水域，成為魚群棲息之所，成為海釣者的空間。基礎設施化的效果並不一定只有封閉，也可能在空間、異質社群互動、國家治理上出現另類場域與實踐。在第三章分析南星計畫環評時，各方在環評會議上針對所謂南星計畫「完成」進行激烈的協商。填海造陸的完成，是各方協商的「暫時」狀態；填海造陸的興建，越來越牽涉到更多且複雜的行動者連結進它的網絡中。以上的現象顯示，自然作為基礎設施，並非一定是封閉性系統，劃分出清楚的界線（國家 vs. 地方、人工 vs. 自然、公共 vs. 私有），其實還有許多不同行動者參與其中互動，在人工海岸產生多種異質的場域。

其次，是關於基礎設施的不確定性的討論。高雄港擴建計畫填築的海埔地與南星計畫填海造陸，從他們的建立與維持等，過程本身即充滿不確定性，也是基礎設施研究探討的面向。在第二章的討論中，我從檔案中逐漸理解到海岸的生命史，並不像後來的官僚或技術人員

所說的，由始及終保有一貫性與連續性。在高雄港擴建計畫當時填築的海埔地，連結到當時的計畫分期、美援、工程技術、法規與管理機構等，興建過程並未全然照著設計圖，而是在每個當下情境協商的暫時結果，逐漸地長出海埔地。也就是說，基礎設施並不是官僚與專家設計的直接結果，而是當下情境協商長出來的。在第三章的民族誌故事，靜悅與柯桑等居民對於南星計畫與海岸變遷的看法，也說出了這些海岸變遷似乎也不是國家治理所決定的，而是慢慢地、無特定指向地，變成現在的狀態。像靜悅就認為，不一定全部都歸咎於國家的治理，其中有很多是不明不白。如南星計畫土地的下沉，是海岸的物質性作用，但也可能是疏於管理的結果。從這些案例的分析，發現所謂的基礎設施其實充滿漏洞，它並非固著無縫的一片，是可能因物質的能動性、疏於管理、居民抗議或協商，或海岸治理思維的轉變與資本投入的不穩定，產生許多「縫隙」，而意外地長出新的東西來。

最後，是關於基礎設施的「未來想像」。既然基礎設施有上述的矛盾產生的縫隙及開放性，那基礎設施應允的未來想像是什麼？透過第三、四章的田野材料，本書指出基礎設施作為想像的載體。例如國家有對發展的想像，部分居民也對填海造陸後當地的產業有願景；但也有居民聯想到對淹水的預期，或者是國家將會在海埔地開發輾壓當地。它所應允的時間想像也不是只有未來的時間，例如目前的洲際貨櫃填海工程，有一部分是填在既有的海岸之上，新舊海岸地景交織在一起。此外，紅伯一家人與其他在鳳鼻頭漁港的漁業實作，所建立的對地方與人際的關係連結，也隨著海岸變遷而有朝不保夕的感受，無法給予「承諾」。

綜合以上討論，海岸作為基礎設施提供了一個開放性的未來，

並非過往文獻所認為的是基礎設施失敗的結果，而是它內在本身的狀態。這個狀態不是人為或國家所能夠單方面宰制，而是當下情境與行動者協商出來的，或是像海陸韻律的時間物質性作用所鑿刻出來的。此外，我試圖說明這個基礎設施的內在矛盾，也可能成為跨物種得以棲居的場域。在此雖充滿縫隙，但卻是開放的未來。

三、對人類學、臺灣西海岸社科研究的補充

回到臺灣人類學對於漁業與社群的討論，我的研究可以補充若干觀點。關於對於漁業的人類學，本研究指出海岸地形形塑過程，及自然現象的能動性。不僅要看到作為政治經濟力量交會的漁港，也要關注漁港與周圍環境的物質與硬體設施在國家、地方與自然活動交織下如何產生及其影響，或是漁港與周圍環境的關係。此外海流、潮汐、漂沙等自然活動有其能動性，例如本書所探討的泥沙與海陸韻律，這些活動並非不具時間變化的環境背景，而是相互關聯的元素，無法將個別元素分離，具有時間的週期韻律與物質效應。它們雖在海岸工程施作後改變，但仍產生新的可能性，漁業採集實踐與社會關係不斷隨之生成。

對於社群研究，我反思了尺度與本體論的問題。我試圖跳脫在地之於國家預設的尺度框架，指出不同尺度、國家與在地的關係是被協商出來的。例如針對海岸基礎設施的環評會議過程中，可以看到居民在這個過程搭配海陸韻律的時間物質性，來跟國家論述反駁或提出見解，這讓我重新思考國家和在地的尺度如何被生產出來，或者是在地行動者也可能會作用在不同尺度的行動者上，而不一定是過往社群研究所著重的在地生活不同面向間的關係。若從這個角度切入，可能就無法預設社群具有地域上的穩固邊界，環境也不是社會活動投射的不

變背景，也不能在本體論上預設人類中心及假定成員是固定的，而是須研究異質網絡，成員間關係並不穩定，例如本研究提到的魚跟水的不穩定關係。在研究方法上，我藉由檔案預先掌握社群本體可能的異質行動者的範圍與種類，並透過日常實踐探討彼此關係如何生成。

過去對於高雄西南海岸聚落的相關研究，大多以「社區」為單位，分別研究當地紅毛港、大林蒲與鳳鼻頭這幾個聚落的發展史。他們基本上預設了社會生活跟自然環境的分界，前者發生在後者這個背景之上。這部分的研究反映在學科的區分上，研究該區域社區與海岸是兩個不同學科與分析取徑。關於當地與國家治理的關係，也是上對下的分析框架，且預設了國家是能夠宰制的那一方。此外，關於臺灣西海岸的研究，也主要以空間生產、自然資本的分析視角切入，探討其如何作為資本主義市場機制運作的位址。本研究對於社會與自然的動態關係，及自然基礎設施的討論，能夠提供目前高雄西南海岸、臺灣西海岸研究一些補充。

首先，高雄西南海岸的自然與社會的關係，應該以更動態的方式看待，不預設哪一方作為背景。人工海岸的建立與維持，牽涉到複雜的行動者的網絡連結，這些都與當下的發展與海岸治理思維有關。從高雄港十二年擴建計畫、南星計畫到目前的洲際貨櫃工程填海造陸，其物質實作與知識動員與當地社會、非人物種協商，海岸狀態也是人與非人協商的暫時結果。如同現在在遷村爭議之際，當地人關注土地所有權，但土地所有權又牽涉到海岸土地形成過程、關於土地形成的論述、日常生活經驗，這也是為什麼遷村計畫對於土地的處理與補償是棘手的課題。此外，海岸的變遷也牽涉到想像，連結到發展、未來、破敗或不公平對待的想望。長期以來海岸人工化的劃界實作，也

改變了水／陸、物種／人、人群間的關係，因此遷村賠償不只需要考量土地，也要考量水，甚至海陸關係的改變對於當地人的社會關係的影響。透過第二、三、四章的檔案與民族誌故事的材料，可以看到社會與自然的動態關係，關係的實作也在居民日常中反覆操演。

　　其次，藉由探討基礎設施化自然的不確定性及跨物種共同生活的場域與互動，也可重新省思當地的國家治理、國家與地方關係的分析框架。南星計畫的案例中，它的不確定性成為各方競逐的場域──專家與政府治理代理人企圖將海埔地固定下來，但它的地層下陷、土方流失又讓治理者必須不斷監測與「照顧」；居民也並非缺少能動性的一群人──他們雜揉親身經驗、耳語以及專家知識，在環評會議現場藉由擾亂會議來反駁治理方的控制。居民的能動性，與基礎設施內在物質的不確定性產生的「縫隙」有關。居民對於國家是否單方面由上而下宰制海岸，也語帶保留。且在人工海岸也成為非人物種多樣的棲息場域，居民在此實踐採集，也對於國家對於海岸的治理產生評價。藉由這些現象，可以重探過往高雄西南海岸對於治理關係的討論，國家並非是壟斷著宰制自然的權力，能夠單向地塑造海岸──國家的治理、居民與國家的互動，也是與海岸這個異質網絡協商著。

　　第三，本書也從自然本體形塑的過程，來重新理解海岸如何成為治理對象。有別於將海岸視為市場機制或資本運作的空間，我將重點放在異質行動者的互動與協商。海岸工程相關基礎設施作業，將不同尺度的異質元素組織進海岸基礎的系統網絡，且不同時期有不同思維、技術、機構的組成，因而生產出不同狀態的自然本體。透過爬梳海岸基礎設施化的「過程」，可以理解到論述、物質、工程實作與地球作用力如何交織，又異質社群如何寓居於此。

　　總結上述論點，本研究說明國家也需要應付需索無度的海岸地形，而非它有權力能單向宰制。此外，經由基礎設施作業所形成的異質網絡，反而讓居民能夠參與介入，或與海陸韻律作用結合產生能動性，來反駁國家的發展計畫。在基礎設施作業下物質、技術、行政與治理元素已經被重新建立關係，有助於重新理解臺灣環境爭議中，國家與在地的能動性及在地社群反抗的可能，拓展新的社群本體論與認識論。

第三節　研究限制與未來展望

　　在田野材料的限制上，本研究探討海岸作為基礎設施，雖然不一定是指工業技術轉化的系統，但一定程度需要了解專家的看法。在考量田野的時間與能否接觸到的狀況下，並沒有訪談跟當地海岸工程有關的專家學者的看法與經驗。本研究探討海岸人工化的知識動員，其中一部分會跟專家知識如何理解當地的自然海岸、如何與當地的情境協商之下形塑出關於海岸的專家知識，及透過哪些具體的實作來與海岸互動。他們可能並非現身在當地，而是在其他場域，藉由其他行動者來掌握海岸（例如設計圖、公式、圖表或儀器）。我以檔案研究來補充我在海岸工程專家的訪談資料上的缺乏，但高雄西南海岸從戰後至今，有如此多海岸工程，專家的參與是不能忽略面向，是後續研究能夠進一步探討的課題。

　　其次，當地尤其紅毛港一帶，早先有漁會，從日治至戰後對於在地的政治、經濟、漁業或教化上都扮演重要角色。我透過檔案爬疏，發現民代例如里長、市議員、廟主委與漁會幹部多有重疊關係。漁會另外一個功能是對當地堤防工程的提議，例如在 1950 年代因為海堤

崩毀，漁會即請相關的人或單位如水利局趕緊興建。這可以看出在系統性的海岸工程介入當地前，居民透過漁會等組織向政府相關單位申請建造海堤來改變海岸。但因我在研究取徑上著重自然而非社會面向，及因為做田野時紅毛港已經遷村，漁會也已搬遷，囿於分析主軸與田野材料較難取得，故關於漁會在海岸人工化過程中的角色，我較少著墨。

第三個材料上的限制是，在我開始進行本研究的田野可行性的2017年，本書編輯時已經2021年，這段期間高雄西南海岸仍有新的海岸工程正在起造。這段期間高雄西南海岸仍有新的海岸工程正在起造。在原先紅毛港遷村後所在地的第六貨櫃中心的西側，洲際貨櫃中心正如火如荼地興建著。比起南星計畫與更早以前的高雄港十二年擴建計畫填築的海埔地，洲際貨櫃中心是當下正在興建中的狀態。從高雄港務分公司的網站，可以看到洲際貨櫃工程對應到近年綠色工法的填海造陸，「安全」與「生態」成為當代治理的論述話語，標榜填海造陸透過消波艙與樺間濾層來強調這個「自然」混融了海與陸，魚群與其他海生動植物可以棲息在填海造陸的岸壁之中。它作為系統，形成了什麼狀態的海岸，是關於當地海岸變遷與社會關係的討論能夠進一步理解的部分，本研究考量田野的可行性以及範圍暫且擱置。

在未來展望上，本研究能指出關於泥沙的人類學研究的潛力。從泥沙的角度切入，能夠挑戰過往社會科學過於著重固定、陸地的本體論及認識論上的課題。寓居在海陸之際的社群，周圍環境是變動的，水與陸的界線、土地狀態都有時間的週期韻律。此外，風、水、土、潮汐、波浪與物種等不同元素交織在一起，在各地有不同的週期性組合。因此，探討不同元素間的動態關係有助於重新理解海陸之際的社

群生活、漁業活動的樣貌。而現代國家對於海陸之際的取用實作，也改變了元素間的關係，但從國家試圖打造而未竟的自然基礎設施縫隙切入，能夠發展出在政治、物質、經濟、社會關係等不同縫隙如何共構的討論，在未來研究上具有理論潛力。

參考文獻

一、書籍、報紙與史料

中央日報訊

1950　〈漁民貸家紅毛港〉，《中央日報》4 月 20 日：第八版。

1953a　〈巨浪沖毀海堤高縣紅毛港蚵子寮　居民搶救災情嚴重〉，《中央日報》8 月 15 日：第五版。

1953b　〈海浪侵襲紅毛港〉，《中央日報》8 月 17 日：第五版。

1954　〈高縣赤崁漁村海堤被浪沖毀紅毛港堤防在搶修中〉，《中央日報》11 月 7 日：第三版。

1955　〈紅毛港海浪續沖擊民房〉，《中央日報》9 月 26 日：第五版。

1956a　〈紅毛港海堤　危機已解除〉，《中央日報》11 月 19 日：第五版。

1956b　〈強烈季風稍戢　紅毛港毀堤一處〉，《中央日報》11 月 18 日：第三版。

1957a　〈紅毛港海堤　被沖毀數處　澎落鹹雨花生枯萎〉，《中央日報》9 月 15 日：第三版。

1957b　〈擴建高港計劃預定十年完成　本年經費千萬即可動工嚴席昨日向記者表示〉，《中央日報》5 月 11 日：第三版。

1958　〈紅毛港海堤　沖毀處堵閉　居民盼建永久堤〉，《中央日

報》9 月 16 日：第六版。

1960a 〈高港擴建計劃進行順利　填築土地五百公頃　決定七月開始出租　港區土地利用計劃大體擬就〉，《中央日報》5 月 23 日：第三版。

1960b 〈高港擴建工程關鍵〉，《中央日報》12 月 9 日：第三版。

1961 〈高港擴建計劃　決予局部修正　交通首長昨天會議中並決定　設南部工業區開發籌劃小組〉，《中央日報》1 月 15 日：第三版。

1963 〈政府決在南部工業區　設外銷工業加工區　公共工程設施九月開工〉，《中央日報》7 月 21 日：第五版。

中國時報訊

1953a 〈俞主席南巡結束　今晚可返抵省垣　昨視察高雄屏東二縣紅毛港防堤分期興建〉，《中國時報》8 月 1 日：第一版。

1953b 〈隨俞主席訪紅毛港〉，《中國時報》8 月 5 日：第四版。

1954 〈滿水已在望　紅毛港堤漫漫長　下月可開工〉，《中國時報》11 月 27 日：第四版。

1955 〈紅毛港堤防沖毀〉，《中國時報》11 月 4 日：第三版。

1956 〈因風流失　差幸無人〉，《中國時報》8 月 3 日：第四版。

1957 〈周至柔主席　續巡視高縣　並訪問紅毛港漁民〉，《中國時報》11 月 11 日：第三版。

1963 〈高港擴建萬事俱備　短缺經費一籌莫展〉，《中國時報》1 月 6 日：第八版。

1964 〈第二期工程　定廿一招標　澄清湖水廠建慢濾池　西甲興建給水加壓站　鐵路工程提前　半年施工〉,《中國時報》7月20日：第六版。

1965a 〈高港局長再度呼籲漁民　擴建區內養殖漁業　不得妨礙工程進行　如果故佈魚苗造成既成事實　將來必遭受無謂損失〉。《中國時報》4月27日：第五版。

1965b 〈紅毛港積沙多亟待疏濬〉,《中國時報》3月28日：第六版。

1967a 〈首期工程開始　配合高港擴建第二港口開闢　油港和輸油站同時動工〉,《中國時報》7月29日：第六版。

1967b 〈闢高雄第二港　昨在紅毛港行開工禮　步入實踐階段　黃杰說：第二港口完成後，對促進臺省重工業發展、勞務輸出以及整個國計民生，都有莫大裨益〉,《中國時報》7月30日：第六版。

中興工程顧問公司

1998 《高雄縣永安鄉海岸地區海埔新生地開發計劃：環境影響說明書期中報告》。高雄縣：高雄縣政府。

內政部營建署

1993 《海埔地開發管理辦法》。臺北市：內政部營建署。

2015 《海岸管理法》。臺北市：內政部營建署。

王志弘、林純秀

2013 〈都市自然的治理與轉化──新北市二重疏洪道〉。《台灣社會研究季刊》92：35-71。

王松賓

1986 《雲林縣麥寮海埔地開發環境影響評估》。高雄市：國立中山大學海洋資源系。

王長璽

1966[1962] 〈臺灣海埔地開發方式及處理原則之商榷〉，刊於《臺灣之海埔經濟》，臺灣研究叢刊第 82 種。臺灣銀行經濟研究室編，頁 57-69。臺北市：臺灣銀行經濟研究室。

王崧興

1967 《龜山島：漢人漁村社會之研究》，中央研究院民族學研究所專刊 13。臺北市：中央研究院民族學研究所。

王瑛曾

1962 《重修鳳山縣志》，臺灣文獻叢刊第 146 種。臺北市：臺灣銀行經濟研究室。

王嘉麟

2002 《府際關係與地方政府治理能力之探討──以中央委辦高雄紅毛港遷村案為例》。臺南市：國立成功大學政治經濟研究所碩士論文。

台糖公司雲林海埔地墾殖實驗處

1962　《雲林海埔地四十九年及五十年度工作報告》。臺北市：台糖公司雲林海埔地墾殖實驗處。

台糖公司嘉義海埔地墾殖處

1963a　《嘉義海埔地鰲鼓墾區規劃報告》。嘉義縣：台糖公司嘉義海埔地墾殖處。

1963b　《嘉義海埔地鰲鼓墾區測量氣象水文土壤工作報告》。嘉義縣：台糖公司嘉義海埔地墾殖處。

1966　《嘉義海埔地 54-55 年期工作報告》。嘉義縣：台糖公司嘉義海埔地墾殖處。

司徒銳文、薛仲修、楊維和

1996　〈臺灣西部水利填築新生地大地工程規劃設計之探討〉。「八十五年度港灣大地工程研討會」宣讀論文，臺中縣梧棲鎮交通部運輸研究所港灣技術研究中心，1 月 30、31 日。

石再添

1980　〈臺灣西部海岸線的演變及海埔地的開發〉。《國立臺灣師範大學地理研究報告》6：1-36。

行政院海埔地開發規劃委員會

1961　《海埔地開發規劃資料彙編　第一集》。臺北市：行政院海埔地開發規劃委員會。

1963a 《臺南海埔地調查報告》。臺北市：行政院海埔地開發規劃委員會。

1963b 《臺南區海埔地曾文示範區開發規劃》。臺北市：行政院海埔地開發規劃委員會。

1963c 《南部海埔地調查規劃報告：包括土城子，四草湖及四鯤鯓海埔地》。臺北市：行政院海埔地開發規劃委員會。

1963d 《新打港調查規劃報告》。臺北市：行政院海埔地開發規劃委員會。

行政院國軍退除役官兵輔導委員會

1969 《臺灣省新竹海埔地北區開發總報告》。臺北市：行政院國軍退除役官兵輔導委員會。

行政院國際經濟合作發展委員會

1967 《臺灣高雄港務局運用美援成果檢討》。臺北市：行政院國際經濟合作發展委員會。

行政院環境保護署

1990 〈行政院環境保護署審查「大林蒲填海計畫環境影響評估報告」結論〉。《行政院環境保護署公報》3（6）：62-76。

余明山

2008 〈海埔新生地開發之新挑戰新思維〉。「陳斗生博士紀念研討會──大地工程案例回顧與新挑戰新思維」宣讀論文，臺

灣大學應用力學研究所國際會議廳，10 月 16 日。

余明山、楊清源、謝百鍾、鍾毓東

1995　〈抽砂回填新生地的土壤特性——永安案例〉。《地工技術》
　　　51：51-66。

吳功顯

1976　〈臺灣海埔地開發之經濟評估〉。臺中市：國立中興大學農
　　　業經濟研究所碩士論文。

吳建國

1992　〈淺談海生物附著問題〉。《港灣報導》19：10-12。

吳映青

2010　《苦海漁聲：南方澳近海漁業工作民族誌》。新竹市：國立
　　　清華大學人類學研究所碩士論文。

2019　〈海路：從人類學視角看臺灣近海漁業〉。《中國飲食文化》
　　　15（2）：7-53。

吳連賞

1998　〈紅毛港的聚落與社會變遷〉。《環境與世界》2：85-136。

呂欣怡

2014　〈地方文化的再創造：從社區總體營造到社區文化產業〉。

刊於《重讀臺灣：人類學的視野——百年人類學回顧與前瞻》。林淑蓉、陳中民與陳瑪玲編，頁 253-290。新竹市：國立清華大學出版社。

呂玫鍰

2008　〈社群建構與浮動的邊異：以白沙屯媽祖進香為例〉。《臺灣人類學刊》6（1）：31-76。

2016　〈想像、體驗、與儀式再結構中的地方社會〉。刊於《21 世紀的地方社會：多重地方認同下的社群性與社會想像》。黃應貴與陳文德編，頁 177-234。新北市：群學。

李威宜

2016　〈織襪人的地方〉。刊於《21 世紀的地方社會：多重地方認同下的社群性與社會想像》。黃應貴與陳文德編，頁 235-286。新北市：群學。

李浩然、黃申伯

1998　〈海岸保護工法——浚渫養灘之探討〉。《地工技術》67：19-30。

李涵茹、王志弘

2016　〈構框與織網：臺灣濕地的社會生產與治理〉。《地理研究》64：115-148。

李連墀口述、張守真、陳慕貞記錄

1996　《口述歷史：李連墀先生》。高雄市：高雄市文獻委員會。

李慶麐、李慶餘

1963　《臺南海埔地區農墾經營調查報告》。臺北市：行政院海埔地開發規劃委員會。

李賢華、宋克義、饒正

1997　〈港工材料海生物腐蝕研究　第一部分　高雄港區之附著海生物〉。《港灣報導》42：1-14。

李賢華、邱永芳、黃茂信

2018　〈綠色港灣結構可循環波能轉換分析〉。《港灣季刊》110：32-52。

李賢華、羅浚雄、饒正、林維明

1998　〈港工材料海生物腐蝕研究　第二部分　碳鋼材料於高雄港區現場腐蝕試驗〉。《港灣報導》43：8-20。

李億勳

2006　《紅毛港文化故事》。高雄市：高雄市政府文化局。

林文玲

2017　〈基礎設施研究〉。《臺灣人類學刊》15（2）：1-6。

林妙娟

　2007　《高雄紅毛港：一個漁業聚落的社會變遷（1624-2005）》。
　　　　臺北市：國立臺灣師範大學歷史學系在職進修碩士班碩士
　　　　論文。

林昌雪

　1970　〈臺灣新開發土地耕作方法之探討〉。《臺灣銀行季刊》21
　　　　（3）：111-118。

林東廷、蔡立宏、黃清和、陳昌生

　2007　〈淺談生態型海岸結構物之發展型態〉。《港灣報導》76：
　　　　12-21。

林彥佑

　2004　《非營利組織參與臺灣地方空間形塑之研究》。臺北市：國
　　　　立政治大學地政研究所碩士論文。

林開世

　2002　〈文明研究傳統下的社群：南亞研究對漢人研究的啟示〉。
　　　　刊於《「社群」研究的省思》。陳文德與黃應貴編，頁331-
　　　　358。臺北市：中央研究院民族學研究所。

林瑋嬪

　2002　〈血緣或地緣？臺灣漢人的家、聚落與大陸的故鄉〉。刊於

《「社群」研究的省思》。陳文德與黃應貴編，頁 93-152。
臺北市：中央研究院民族學研究所。

林靖修

2017　〈基礎設施、水利社會與行動者的交織：陳有蘭溪流域
　　　Kalibuan 社區共同灌溉系統建造與營運〉。《臺灣人類學刊》
　　　15（2）：97-146。

林廖嘉宏、吳連賞

2014　〈高雄港市的發展與衝突——新草衙更新紅毛港遷村的結構
　　　化分析〉。《環境與世界》30：59-95。

邱文彥

1992　《海埔地開發許可制度基本架構之研究期末報告》。臺北
　　　市：內政部營建署。

1993　〈與海爭地——海埔地開發的省思與前瞻〉。《科學月刊》24
　　　（9）：674-680。

邱永芳

1999　〈臺灣海岸侵蝕與保全對策〉。《土木技術》2（3）：103-
　　　110。

俞清瀚

2000　〈覆土預壓應用於海埔新生地改良成效之評估〉。《地工技

術》78：29-44。

柯鄉黨、簡連貴、林敏清、陳其薇

2004　〈填海造地工程參考作業手冊簡介〉。《港灣報導》68：1-7。

洪福龍

2008　〈港都最夯賞鳥點・南星計畫區〉。《鳥語》286：28-31。

胡忠一、范雅鈞

2016　《台灣漁業大事年表》。臺北市：農訓協會。

殷章甫

1990　《臺灣西海岸海埔地開發方式之研究》，省政研究發展叢書
　　　55。南投縣：臺灣省政府研究發展考核委員會。

秦中天、蕭仲光

1991　〈海域地工技術之現況探討〉。《地工技術》34：6-25。

馬益財

1999　〈海岸及海洋資源管理方向〉。《港灣報導》49：10-14。

2004　〈以生態系為基礎之海岸地區管理〉。《港灣報導》67：
　　　6-16。

馬澤春

1954 〈紅毛港海岸為什麼沖蝕〉。《臺灣水利》2：16-18。

高雄市政府工務局工程企劃處

2006 〈高雄市海岸規劃理念與策略〉。「生態濕地在高雄」研討會」宣讀論文，高雄市國賓飯店 20F 樓外樓，8 月 9 日。

高雄市政府環境保護局

1987 《高雄市大林蒲填海計畫》。高雄市：高雄市政府。

2019 《南星計畫中程計畫環境說明書變更內容對照表（第六次變更)》。高雄市：高雄市政府。

高雄港務局

1971 《高雄港四大工程》。高雄市：高雄港務局。

1972 《高雄港第二港口防波堤興建各階段漂沙與海岸變化之研究總報告書》。高雄市：高雄港務局。

1975 《高雄港三十年志》。高雄市：高雄港務局。

1976 《高雄港第二港口開闢工程》。高雄市：高雄港務局。

高雄縣小港區漁會

出版年不詳 《高雄縣小港區漁會改進經過紀實》。高雄縣：高雄縣小港區漁會。

高雄縣政府

1954　《高雄縣政三年》。高雄縣：高雄縣政府。

高雄縣議會

1954　〈高雄縣小港鄉紅毛港漁會楊萬興等陳情為公有海灘被人
　　　　違法壟斷請迅予依法制止〉，《臺灣省臨時省議會檔案》。
　　　　中央研究院臺灣史研究所臺灣史檔案資源系統，識別號
　　　　002_44_503_43010。

1956　〈高雄縣議會陳情省水利局繼續興建紅毛港第四期海堤工程
　　　　案〉，《臺灣省臨時省議會檔案》。中央研究院臺灣史研究所
　　　　臺灣史檔案資源系統，識別號：002_44_503_45003。

高聰忠、謝樹成

1996　〈六輕填海造地工程〉。「八十五年度港灣大地工程研討會」
　　　　宣讀論文，臺中縣梧棲鎮交通部運輸研究所港灣技術研究
　　　　中心，1 月 30、31 日。

梁世興

1997　《沈陷的島嶼邊緣：災害空間的社會性生產，以台灣西南沿
　　　　海地層下陷災害為例》。臺北市：國立臺灣大學建築與城鄉
　　　　研究所碩士論文。

國立中山大學海洋資源學系

1987　《雲林縣麥寮海埔地開發計畫：環境影響評估報告書》。雲

林縣：雲林縣政府。

康乃恭

1962 〈臺灣海埔地之河川與河口〉,《臺灣銀行季刊》13（2）：156-172。

張乃夫

2015 《海岸管理法架構下的海岸分級：以恆春半島西海岸為例》。臺南市：國立成功大學海洋科技與事務研究所碩士論文。

張正衡

2016 〈根莖狀的社區：新自由主義下的日本地方社會〉。刊於《21 世紀的地方社會：多重地方認同下的社群性與社會想像》。黃應貴與陳文德編，頁 47-100。新北市：群學。

張石角

1993 〈臺灣海岸之自然環境與國土資源評估〉。《工程環境會刊》13：3-17。

張吉佐、方仲欣

1995 〈水送填土造地之探討〉。《地工技術》51：5-20。

張宇彤、林世超、李億勳

2006 〈紅毛港歷史聚落基礎調查暨測繪計劃〉。高雄市：高雄市

政府文化局。

張守真、楊玉姿

2018 《臨港聚落：大林蒲開發史》。高雄市：行政法人高雄市立歷史博物館。

張劭曾

1962a 〈臺灣海埔地之地形變遷〉。《臺灣銀行季刊》13（2）：70-99。

1962b 〈臺灣海埔地之經濟建設目標〉《臺灣銀行季刊》13（2）：9-56。

1970a 〈臺灣新生地之開發與土壤問題〉。《臺灣銀行季刊》21（3）：1-50。

1970b 〈臺灣之紅樹及其助長新生地之功用〉。《臺灣銀行季刊》21（3）：82-110。

張金機

1994 〈未來的港灣建設與海岸開發〉。《港灣報導》27：1-4。

張欽森

2019 〈無機再生粒料於公共工程循環利用——以南星計畫及其轉爐石填築計畫為例〉。《土木水利》46（5）：28-36。

張菀文

1998 〈海水面變遷對海岸地帶之影響〉。《地景保育通訊》9：32-34。

張瑞欣、林東廷、林琇美

2002 〈海岸結構物附加藻場機能之規劃調查設計〉。《港灣報導》61：1-19。

2003 〈西南海岸結構物之海藻著生初步調查〉。《港灣報導》65：38-56。

莊文傑

1997 〈臺灣西部沿海之潮汐特性探討〉。《港灣報導》39：22-33。

莊英章

1970 〈臺灣鄉村的建醮儀式——一個漁村的例子〉。《中央研究院民族學研究所集刊》29：131-149。

1981 〈漁業政策與地區性漁業發展：興達鄉的田野調查分析〉。《中央研究院民族學研究所集刊》51：89-127。

許明興

1966[1962] 〈臺灣海埔地之開發工程〉。刊於《臺灣之海埔經濟》，臺灣研究叢刊第 82 種。臺灣銀行經濟研究室編，頁264-290。臺北市：臺灣銀行經濟研究室。

許泰文

1999　〈港灣開發對海岸影響〉。《土木技術》2（3）：47-61。

郭金棟

1991　〈談臺灣西海岸之利用〉。《港灣報導》18：1-3。

1997a　〈臺灣海岸工程發展史〉。《港灣報導》39：1-11。

1997b　〈臺灣地區海岸災害防治之展望〉。《港灣報導》43：1-7。

1999　〈走過海岸四十年〉。《港灣報導》47：3-13。

陳文德

2002　〈導論——「社群」研究的回顧：理論與實踐〉。刊於《「社群」研究的省思》。陳文德與黃應貴編，頁 1-42。臺北市：中央研究院民族學研究所。

陳斗生、俞清瀚、葉嘉鎮

1996　〈海埔新生地的大地工程問題之探討——以六輕基地為例（上篇）〉。《地工技術》58：91-106。

1997　〈海埔新生地的大地工程問題之探討——以六輕基地為例（下篇）〉。《地工技術》59：91-102。

陳振文

1970　〈臺灣新生地之開發與水源問題〉。《臺灣銀行季刊》21（3）：51-81。

陳彩純

2002　《民主參與和專業行政——從香山海埔地開發計劃看全國與
　　　當地民眾對環境影響評估制度的信任和參與》。嘉義縣：國
　　　立中正大學政治學研究所碩士論文。

陳景文、廖哲民

1998　〈高雄市填海造陸工程施工方法初擬〉。《地工技術》67：
　　　31-42。

陳森河

1998　〈填海造地工程規劃設計與案例之探討〉。《地工技術》67：
　　　5-18。

陸穎寰

1966[1962]　〈臺灣海埔地之開發工具〉，刊於臺灣銀行經濟研究室
　　　編，《臺灣之海埔經濟》，臺灣研究叢刊第 82 種，頁 314-
　　　335。臺北市：臺灣銀行經濟研究室。

曾華璧

2006　〈環境思想與政治：1990 年代南瀛地區保育運動的初步察
　　　考〉。《思與言》44（2）：89-131。

湯麟武

1962a　〈臺灣海埔地之開發規劃〉。《臺灣銀行季刊》13（2）：230-

263。

1962b 〈臺灣海埔地之漂沙〉。《臺灣銀行季刊》13（2）：189-214。

焦正清、張瑞欣、陳炳祺、林東廷

2004 〈淺談生態工法於國內與日本港灣工程之發展〉。《港灣報導》67：17-26。

程啟峰

2016 〈海堤局部沉箱位移　高市封路警戒〉，《中央社》10 月 25日。

童元昭

2002 〈固定的田野與游移的周邊：以大溪地華人為例〉。刊於《「社群」研究的省思》。陳文德與黃應貴編，頁 303-330。臺北市：中央研究院民族學研究所。

黃申伯

1991 〈臺灣海上造地工程之探討〉。《港灣報導》18：3-7。

黃金山

2000 〈臺灣海岸侵蝕保護及工法的演變〉。《港灣報導》52：1-5。

黃珩婷

2014 《哪一種自然才算數？：新店溪永和段水岸農業的興衰》。

臺北市：國立臺灣大學建築與城鄉研究所碩士論文。

黃清和

1992a 〈談「海岸保護管力以及開發範圍之限制」〉。《港灣報導》19：3-10。

1992b 〈漫談臺灣海岸線變化〉。《港灣報導》20：15-21。

1999 〈海岸防蝕對策～人工養灘之規劃及設計〉。《土木技術》2（3）：111-129。

黃清和、蔡立宏、陳昌生、林東廷

2006 〈淺談生態型消波塊之發展類型〉。《港灣報導》75：33-38。

黃瑋隆

2015 《從環境正義觀點看南星計畫》。高雄市：國立中山大學社會學系碩士班碩士論文。

黃應貴

2002 〈跋──社群研究的文化思考〉。刊於《「社群」研究的省思》。陳文德與黃應貴編，頁 359-370。臺北市：中央研究院民族學研究所。

2016 〈導論：多重地方認同下的社群性及社會想像〉。刊於《21世紀的地方社會：多重地方認同下的社群性與社會想像》。黃應貴與陳文德編，頁 1-46。新北市：群學。

新竹海埔地開發小組

1962 《五十一年度新竹海埔地開發實驗報告書》。新竹：海埔地開發小組。

楊玉姿、張守真

2008a 《紅毛港的前世今生》。高雄市：高雄市文獻委員會。

2008b 《高雄港開發史》。高雄市：高雄市文獻委員會。

楊綠茵

1995 《國土開發之環境社會學分析：以新竹市香山區海埔地造地開發計畫為例》。新竹市：國立清華大學社會人類學研究所碩士論文。

楊鴻嘉

1997 〈回顧紅毛港之漁村及其漁業〉。《漁友》231：26-35。

1998a 〈紅毛港早期的漁村文化（一）〉。《漁友》248：17-21。

1998b 〈紅毛港早期的漁村文化（二）〉。《漁友》249：29-33。

1998c 〈紅毛港早期的漁村文化（三）〉。《漁友》250：31-36。

1998d 〈紅毛港早期的漁村文化（四）〉。《漁友》251：23-26。

費孝通

1991 《鄉土中國》。香港：三聯。

廖昱凱、簡旭伸

2019 〈地理學中的量體轉向：領土立體化、地球物理政治與環境
中的情感氛圍〉。《地理學報》92：1-29。

廖學瑞、朱志誠、張欽森

2002 〈國內填海造陸背填料防漏設計案例探討〉。《港灣報導》
61：20-32。

臺灣省土地資源開發委員會

1965 《臺灣省西海岸海埔地土壤調查報告》。出版地不詳：臺灣
省土地資源開發委員會。

1968 《臺中海埔地開發計畫書》。臺北市：臺灣省土地資源開發
委員會。

臺灣省土地資源開發委員會調查規劃隊

1971 《雲林海埔地調查規劃開發計畫書》。出版地不詳：臺灣省
土地資源開發委員會調查規劃隊。

臺灣省政府建設廳公共工程局編

1974 《小港鄉大林蒲地區都市計劃說明書》（字號高市府建都字
第 067866 號）。南投：臺灣省政府建設廳公共工程局（高
雄縣政府委託）。

臺灣省政府建設廳公共工程局配合高雄港擴建區域計劃工作小組

1961　《配合高雄港擴建區域計劃：初步計畫》。臺北市：臺灣省政府建設廳公共工程局。

臺灣銀行經濟研究室編

1966[1962]　《臺灣之海埔經濟》。臺北市：臺灣銀行經濟研究室。

劉如意、呂欣怡

2017　〈離岸風力發電設置過程的社會爭議與化解機制〉。刊於《能怎麼轉——啟動臺灣能源轉型鑰匙》。周桂田與張國暉編，頁169。臺北市：國立臺灣大學社會科學院社會與政策研究中心。

2019　〈雲林縣口湖鄉養殖烏魚子的品質建構歷程〉。《中國飲食文化》15（2）：115-156。

劉鴻喜

1969　〈臺灣海埔地區水文氣象之研究〉。《臺灣銀行季刊》20（2）：1-18。

潘翰聲

1997　〈濕地空間的社會性生產：以臺南七股濕地為個案〉。臺北市：國立臺灣大學建築與城鄉研究所碩士論文。

談爾益

1971　《高雄港維護性疏浚工程之研究》。南投縣：臺灣省政府研
　　　究發展考核委員會。

鄭力軒、陳維展

2014　〈從國家與社會的關係看紅毛港遷村案的歷史變遷〉。《高雄
　　　文獻》4（3）：140-154。

鄭天章

1971　《臺灣海埔地開發之研究》。臺北市：國立政治大學地政學
　　　系碩士論文。

1981　《臺灣海埔地開發之研究》，中國地政研究所叢刊臺灣土地
　　　及農業問題資料 28。臺北市：成文。

盧德嘉

1960　《鳳山縣采訪冊》，臺灣文獻叢刊第 73 種。臺北市：臺灣銀
　　　行經濟研究室。

戴昌鳳、俞何興、喬凌雲

2014　《臺灣區域海洋學》。臺北市：臺灣大學出版中心。

聯合報訊

1951　〈烏魚季節將屆　紅毛港漁民正趕作準備　漁會請求放寬宵
　　　禁　派員晉省爭取補助〉，《聯合報》11 月 13 日：第五版。

1952 〈紅毛港外海岸　海水漏蝕崩裂　高雄縣府招工修補〉,《聯合報》4 月 13 日：第五版。

1953 〈堤岸連年崩陷　居民常受威脅　俞主席面允　修築紅毛港明年決列入預算〉,《聯合報》8 月 1 日：第三版。

1954a 〈紅毛港堤岸再毀〉,《聯合報》11 月 5 日：第三版。

1954b 〈高雄紅毛港　昨巨浪潮湧　毀海澄村堤百餘尺〉,《聯合報》11 月 12 日：第六版。

1954c 〈高縣紅毛港　狂濤澎湃　沖毀海堤〉,《聯合報》11 月 6 日：第五版。

1955a 〈高縣紅毛港　海浪又決堤　義警民工搶救中〉,《聯合報》8 月 19 日：第五版。

1955b 〈環島豪雨不歇河川多現危機　高縣紅毛港海浪毀堤　南市安平區一片汪洋〉,《聯合報》7 月 23 日：第五版。

1956a 〈嚴主席在高縣　邀各界座談　面准高縣籌建辦公廳　昨訪紅毛港漁民〉,《聯合報》4 月 12 日：第三版。

1956b 〈章錫綬局長　勘察紅毛港〉,《聯合報》9 月 23 日：第五版。

1956c 〈驚濤駭浪襲　堤防突崩潰　紅毛港漁村臨災害〉,《聯合報》7 月 11 日：第五版。

1957 〈高港廿年擴建計劃　美援款即撥到近期可望開工　對工商前途　貢獻很大〉,《聯合報》1 月 20 日：第三版。

1960 〈省屬機關整理業務　通過簡化手續辦法　高港擴建區訂立土地使用計劃〉,《聯合報》6 月 1 日：第二版。

1965a 〈建火力發電廠　擇址高雄大林　發電量達六十萬瓩　請貸計劃正編擬中〉,《聯合報》7 月 27 日：第二版。

1965b 〈南部工業區開發計劃總圖草案繪製完成　佔地千五百公頃設五大工廠　紅毛港西北闢高雄第二港口〉,《聯合報》9 月 12 日：第二版。

1966 〈南部工業區後期開發總圖　規劃聯席會議昨原則通過區內土地無論公有私有都將要列入管制　研究主要工廠配置‧防阻紅毛港區擴大〉,《聯合報》3 月 5 日：第二版。

謝芝欣

2013 《大型海岸石化工業區對海洋環境影響的制度性分析》。高雄市：國立中山大學海洋事務研究所碩士論文。

鍾毓東、葉嘉鎮、吳偉康、余明山

1995 〈深層夯實改良應用於新生地之案例〉。《地工技術》51：67-78。

簡德深、張欽森、劉宏道

2019 〈國際港埠新樞紐──高雄港的蛻變與展望〉。《中華技術》121：56-71。

簡連貴

1995 〈水力抽砂回填技術在造地工程之應用〉。《地工技術》51：21-34。

魏仰賢

1972　〈臺灣海埔地之開發與利用〉。《臺灣銀行季刊》23（1）：242-255。

羅志誠

1999　《解構六輕神話：麥寮六輕填海造陸工程中的知識／政治動員》。新竹市：國立清華大學歷史研究所碩士論文。

2001　〈重回工地現場——麥寮六輕填海造陸工程中的知識動員過程〉。《科技醫療與社會》1：43-104。

羅浚雄、李賢華、饒正

1998　〈港工材料海生物腐蝕研究　第三部分　高雄港區內水質對碳鋼材料腐蝕之影響〉。《港灣報導》44：15-21。

羅勝方、張欽森、簡德深

2017　〈國際港埠新樞紐——高雄港洲際貨櫃中心建設計畫〉。《中華技術》114：112-127。

羅皓群

2017　《魚鄉變形記：台南台江魚塭的社會生態轉型》。臺北市：國立臺灣大學建築與城鄉研究所碩士論文。

Agrawal, Arun

2005　Environmentality: Community, Intimate Government, and the

Making of Environmental Subjects in Kumaon, India. Current Anthropology 46(2): 161-190.

Alberti, Benjamin, and Tamara L. Bray

2009   Introduction. Cambridge Archaeological Journal 19(3): 337-343.

Anand, Nikhil

2011   Pressure: The PoliTechnics of Water Supply in Mumbai. Cultural Anthropology 26(4): 542-564.

2017   Hydraulic City: Water and the Infrastructures of Citizenship in Mumbai. Durham: Duke University Press.

Anand, Nikhil, Akhil Gupta, and Hannah Appel

2018   The Promise of Infrastructure. Durham: Duke University Press.

Antina, Schnitzler

2013   Traveling Technologies: Infrastructure, Ethical Regimes, and the Materiality of Politics in South Africa. Cultural Anthropology 28(4): 670-693.

Appel, Hannah C.

2012   Walls and White Elephants: Oil Extraction, Responsibility, and Infrastructural Violence in Equatorial Guinea. Ethnography 13(4): 439-465.

Ballestero, Andrea

2019　　The Underground as Infrastructure? Water, Figure/Ground Reversals, and Dissolution in Sardinal. In Infrastructure, Environment, and Life in the Anthropocene. K. Hetherington, ed. Pp. 17-44. Durham: Duke University Press.

Barra, Monica

2016　　Natural Infrastructures: Sediment, Science, and the Future of Southeast Louisiana. In A&E Engagement Blog, Vol. 2020.

Barry, Andrew

2006　　Technological Zones. European Journal of Social Theory 9(2): 239-253.

2013　　Material Politics: Disputes Along the Pipeline. Chichester, West Sussex, UK: Wiley-Blackwell.

Bear, Laura

2013　　The Antinomies of Audit: Opacity, Instability and Charisma in the Economic Governance of a Hooghly Shipyard. Economy and Society 42(3): 375-397.

2015　　Navigating Austerity: Currents of Debt along a South Asian River. Stanford: Stanford University Press.

Bennett, Jane

2010   Vibrant Matter: A Political Ecology of Things. Durham: Duke University Press.

Björkman, Lisa

2015   Pipe Politics, Contested Waters: Embedded Infrastructures of Millennial Mumbai. Durham: Duke University Press.

Blok, Anders, Moe Nakazora, and Brit Ross Winthereik

2016   Infrastructuring Environments. Science as Culture 25(1): 1-22.

Boucquey, Noëlle, et al.

2016   The Ontological Politics of Marine Spatial Planning: Assembling the Ocean and Shaping the Capacities of 'Community' and 'Environment'. Geoforum 75: 1-11.

Bourgois, Philippe I.

2009   Righteous Dopefiend. Berkeley: University of California Press.

Bowker, Geoffrey C.

1995   Second Nature once Removed: Time, Space and Representations. Time & Society 4(1): 47-66.

1999   Sorting Things Out: Classification and Its Consequences. Cambridge, Mass.: MIT Press.

Bowker, Geoffrey C., et al.

2010   Toward Information Infrastructure Studies: Ways of Knowing in a Networked Environment. In International Handbook of Internet Research. J. H. et al., ed. Pp. 97-117: Springer Science & Business Media.

Carse, Ashley

2012   Nature as Infrastructure: Making and Managing the Panama Canal Watershed. Social Studies of Science 42(4): 539-563.

2014   Beyond the Big Ditch: Politics, Ecology, and Infrastructure at the Panama Canal. Cambridge, MA.: The MIT Press.

2019   Dirty Landscapes: How Weediness Indexes State Disinvestment and Global Disconnection. In Infrastructure, Environment, and Life in the Anthropocene. K. Hetherington, ed. Pp. 97-114. Durham: Duke University Press.

Casper Bruun, Jensen

2017   Amphibious Worlds: Environments, Infrastructures, Ontologies. Engaging Science 3: 224-234.

Casper Bruun, Jensen, and Morita Atsuro

2015   Infrastructures as Ontological Experiments. Engaging Science 1: 81-87.

Chiau, Wen-Yan

1998   Coastal Zone Management in Taiwan: A Review. Ocean and Coastal Management 38(2): 119-132.

De La Cadena, Marisol, et al.

2015   Anthropology and STS: Generative Interfaces, Multiple Locations. HAU: Journal of Ethnographic Theory 5(1): 437.

Dourish, Paul, and Genevieve Bell

2007   The Infrastructure of Experience and the Experience of Infrastructure: Meaning and Structure in Everyday Encounters with Space. Environment and Planning B: Planning and Design 34(3): 414-430.

Edwards, Paul N.

2002   Infrastructure and Modernity: Scales of Force, Time, and Social Organization in the History of Sociotechnical Systems. Cambridge: MIT Press.

2003   Infrastructure and Modernity: Force, Time and Social Organization in the History of Sociotechnical Systems. In Modernity and Technology. P. B. Thomas, J. Misa, and Andrew Feenberg, eds. Pp. 185-225. Cambridge, MA: The MIT Press.

Edwards, Paul, et al.

    2009   Introduction: An Agenda for Infrastructure Studies. Journal of the Association for Information Systems 10(5): 364-374.

Elyachar, Julia

    2010   Phatic Labor, Infrastructure, and the Question of Empowerment in Cairo. American Ethnologist 37(3): 452-464.

Feenberg, Andrew

    2003   Modernity Theory and Technology Studies: Reflections on Bridging the Gap. In Modernity and Technology. P. B. Thomas, J. Misa, and Andrew Feenberg, eds. Pp. 73-104. Cambridge, MA: The MIT Press.

Foucault, Michel

    1991   Governmentality. In The Foucault Effect: Studies in Governmentality: With Two Lectures by and an Interview with Michel Foucault. G. Burchell, C. Gordon, and P. Miller, eds. Chicago: University of Chicago Press.

Foucault, Michel, Michel Senellart

    2008   The Birth of Biopolitics: Lectures at the Collège de France, 1978-1979. Michel Senellart, ed., Graham Burchell, trans. London: Palgrave Macmillan UK.

Freedman, Maurice

  1958   Lineage Organization in Southeastern China. London: Athlone.

Gad, Christopher, Casper Bruun Jensen, and Brit Ross Winthereik

  2015   Practical Ontology: Worlds in STS and Anthropology. Nature and Culture 3: 67-86.

Han, Clara

  2012   Life in Debt Times of Care and Violence in Neoliberal Chile. Berkeley: University of California Press.

Harvey, Penelope

  2012   The Topological Quality of Infrastructural Relation: An Ethnographic Approach. Theory, Culture & Society 29(4-5): 76-92.

  2015   Roads: An Anthropology of Infrastructure and Expertise. Ithaca: Cornell University Press.

Harvey, Penelope, Casper Bruun Jensen, and Atsuro Morita, eds.

  2017a   Introduction: Infrastructural Complications. In Infrastructures and Social Complexity: A Companion. P. Harvey, C. B. Jensen, and A. Morita, eds. Pp. 1-22. Abingdon, Oxon: Routledge, Taylor & Francis Group.

  2017b   Infrastructures and Social Complexity: A Companion.

Abingdon, Oxon: Routledge, Taylor & Francis Group.

Harvey, Penny

2012   The Materiality of State Effects: An Ethnography of a Road in the Peruvian Andes. In State Formation: Anthropological Perspectives. C. Krohn-Hansen and K. G. Nustad, eds. Pp. 216-247. London: Pluto Press.

Harvey, Penny, and Hannah Knox

2012   The Enchantments of Infrastructure. Mobilities 7(4): 1-16.

Herzfeld, Michael

2009   Evicted from Eternity: The Restructuring of Modern Rome. Chicago: University of Chicago Press.

Hetherington, Kregg

2014   Waiting for the Surveyor: Development Promises and the Temporality of Infrastructure. The Journal of Latin American and Caribbean Anthropology 19(2): 195-211.

2019   Infrastructure, Environment, and Life in the Anthropocene. Durham: Duke University Press.

Howe, Cymene, et al.

2016   Paradoxical Infrastructures: Ruins, Retrofit, and Risk. Science, Technology, & Human Values 41(3): 547-565.

Hughes, Thomas Parke

1983   Networks of Power Electrification in Western Society, 1880-1930. Baltimore: Johns Hopkins University Press.

1987   The Evolution of Large Technological Systems. In The Social Construction of Technological Systems: New Directions in the Sociology and History of Technology. W. E. Bijker, T. P. Hughes, and T. Pinch, eds. Pp. 51-82. Cambridge, Mass.: MIT Press.

2005   Human-Built World: How to Think about Technology and Culture. Chicago: University of Chicago Press.

Hung, Po-Yi

2020   Placing Green Energy in the Sea: Offshore Wind Farms, Dolphins, Oysters, and the Territorial Politics of the Intertidal Zone in Taiwan. Annals of the American Association of Geographers 110(1): 56-77.

Jensen, Casper Bruun

2007   Infrastructural Fractals: Revisiting the Micro-Macro Distinction in Social Theory. Environment and Planning D: Society and Space 25(5): 832-850.

2015   Experimenting with Political Materials: Environmental Infrastructures and Ontological Transformations. Distinktion: Journal of Social Theory 16(1): 17-30.

2017 The Umwelten of Infrastructure: A Stroll Along (and Inside) Phnom Penh's Sewage Pipes. Zinbun 47: 147-159.

Jensen, Casper Bruun, et al.

2017 New Ontologies? Reflections on Some Recent 'Turns' in STS, Anthropology and Philosophy. Social Anthropology 25(4): 525-545.

Krause, Franz

2014 Fishing with Empathy: Knowing Fish and Catching Them on the Kemi River in Finnish Lapland. Polar Record 50(4): 354-363.

2015 Making a Reservoir: Heterogeneous Engineering on the Kemi River in Finnish Lapland. Geoforum 66: 115-125.

2017b Rhythms of Wet and Dry: Temporalising the Land-Water Nexus. Geoforum: 1-8.

2017c Towards an Amphibious Anthropology of Delta Life. Human Ecology 45(3): 403-408.

2018a Delta Methods: Reflections on Researching Hydrosocial Lifeworlds. Vol. 7. Cologne: Department of Cultural and Social Anthropology, University of Cologne.

2018b Trapping Trappers, and Other Challenges of Ethnographic Fieldwork in the Mackenzie Delta. In Delta Methods: Reflections on Researching Hydrosocial Lifeworlds. F.

Krause, ed. Kölner Arbeitspapiere zur Ethnologie. Cologne: Department of Cultural and Social Anthropology, University of Cologne.

Larkin, Brian

2013　The Politics and Poetics of Infrastructure. Annual Review of Anthropology 42(1): 327-343.

Latour, Bruno

1987　Science in Action: How to Follow Scientists and Engineers through Society. Cambridge, Mass: Harvard University Press.

2004　Politics of Nature: How to Bring The Sciences into Democracy. Cambridge, Mass: Harvard University Press.

2005　Reassembling the Social: An Introduction to Actor-Network-Theory. Oxford: Oxford University Press.

Law, John, and John Hassard

1999　Actor Network Theory and After. Oxford: Blackwell.

Mains, Daniel

2012　Blackouts and Progress: Privatization, Infrastructure, and a Developmentalist State in Jimma, Ethiopia. Cultural Anthropology 27(1): 3-27.

Mazé, Camille, et al.

2017　Knowledge and Power in Integrated Coastal Management. For a Political Anthropology of the Sea Combined with the Sciences of the Marine Environment. Comptes Rendus Geoscience 349(6): 359-368.

Misa, Thomas J.

2003　The Compelling Tangle of Modernity and Technology. In Modernity and Technology. P. B. Thomas J. Misa, and Andrew Feenberg, eds. Pp. 1-30. Cambridge, MA: The MIT Press.

Mitchell, Timothy

2002　Rule of Experts: Egypt, Techno-Politics, Modernity. Berkeley: University of California Press.

2013　Carbon Democracy: Political Power in the Age of Oil. London: Verso.

Mol, Annemarie

1999　Ontological Politics. A Word and Some Questions. In Actor Network Theory and After, Vol. 1. J. Law and J. Hassard, eds. Pp. 74-89. Oxford: Blackwell.

Morita, Atsuro

2016　Infrastructuring Amphibious Space: The Interplay of Aquatic and Terrestrial Infrastructures in the Chao Phraya Delta in Thailand. Science as Culture 25(1): 117-140.

2017a   River Basin: The Development of the Scientific Concept and Infrastructures in the Chao Phraya Delta, Thailand. In Infrastructures and Social Complexity: A Companion. P. Harvey, C. B. Jensen, and A. Morita, eds. Pp. 215-226. Abingdon, Oxon: Routledge.

2017b   Multispecies Infrastructure: Infrastructural Inversion and Involutionary Entanglements in the Chao Phraya Delta, Thailand. Ethnos: Includes the Theme Issue: Infrastructures 82(4): 738-757.

Morita, Atsuro, and Casper Bruun Jensen

2017   Delta Ontologies: Infrastructural Transformations in the Chao Phraya Delta, Thailand. Social Analysis 61(2): 118-133.

Pinch, Trevor, Thomas Parke Hughes, and Wiebe E. Bijker

2012   The Social Construction of Technological Systems New Directions in the Sociology and History of Technology. Cambridge, Mass.: MIT Press.

Rademacher, Anne

2011   Reigning the River: Urban Ecologies and Political Transformation in Kathmandu. Durham: Duke University Press.

Scaramelli, Caterina

    2019   The Delta is Dead: Moral Ecologies of Infrastructure in Turkey. Cultural Anthropology 34(3): 388-416.

Schweitzer, Peter, Olga Povoroznyuk, and Sigrid Schiesser

    2017   Beyond Wilderness: Towards an Anthropology of Infrastructure and the Built Environment in the Russian North. The Polar Journal 7(1): 58-85.

Simone, Abdoumaliq

    2004   People as Infrastructure: Intersecting Fragments in Johannesburg. Public Culture 16(3): 407-429.

Sneddon, Christopher

    2015   Concrete Revolution: Large Dams, Cold War Geopolitics, and the US Bureau of Reclamation. Chicago: The University of Chicago Press.

Star, Susan Leigh

    1990   Power, Technology and the Phenomenology of Conventions: on Being Allergic to Onions. The Sociological Review 38(S1): 26-56.

    1995   Ecologies of Knowledge: Work and Politics in Science and Technology. Albany: State University of New York Press.

Steinberg, Philip, and Kimberley Peters

2015   Wet Ontologies, Fluid Spaces: Giving Depth to Volume through Oceanic Thinking. Environment and Planning D: Society and Space 33(2): 247-264.

Subramanian, Ajantha

2009   Shorelines: Space and Rights in South India. Stanford, Calif: Stanford University Press.

van Der Veen, Marijke

2014   The Materiality of Plants: Plant-people Entanglements. World Archaeology: Debates in World Archaeology 46(5): 799-812.

Tsing, Anna Lowenhaupt

2015   The Mushroom at the End of the World: On the Possibility of Life in Capitalist Ruins. Princeton: Princeton University Press.

Volkman, Toby Alice

1994   Our Garden is the Sea: Contingency and Improvisation in Mandar Women's Work. American Ethnologist 21(3): 564-585.

Wakefield, Stephanie, and Bruce Braun

2019   Oystertecture: Infrastructure, Profanation, and the Sacred Figure of the Human. In Infrastructure, Environment, and

Life in the Anthropocene. K. Hetherington, ed. Pp. 193-215. Durham: Duke University Press.

White, Damian, and Chris Wilbert

2006   Introduction: Technonatural Time-Spaces. Science as Culture 15(2): 95-104.

Wilbert, Chris, and Damian F. White

2009   Technonatures: Environments, Technologies, Spaces and Places in the Twenty-First Century. Waterloo, Ont.: Wilfrid Laurier University Press.

Winner, Langdon

1993   Upon Opening the Black Box and Finding It Empty: Social Constructivism and the Philosophy of Technology. Science, Technology, & Human Values 18(3): 362-378.

Zeiderman, Austin

2019   Low Tide: Submerged Humanism in a Colombian Port. In Infrastructure, Environment, and Life in the Anthropocene. K. Hetherington, ed. Pp. 171-192. Durham: Duke University Press.

二、網路資訊

內政部國土測繪中心

《國土測繪圖資服務雲》。網址：https://maps.nlsc.gov.tw/。

高雄市立歷史博物館

年代不詳　作者不詳，〈高雄臨海工業區後期開發規劃總圖〉。高雄市立歷史博物館典藏，登錄號：KH2020.019.0350。

1957　謝惠民，〈臺灣省政府主席周至柔參觀臺灣港務股份有限公司高雄港務分公司〉，1957 年 11 月 11 日。高雄市立歷史博物館典藏，登錄號：KH2002.016.006_11。

1958　謝惠民，〈高雄港擴建工程〉，1958 年 9 月 5 日。高雄市立歷史博物館典藏，登錄號：KH2002.016.020_3。

1958　謝惠民，〈高雄港擴建工程〉，1958 年 9 月 5 日。高雄市立歷史博物館典藏，登錄號：KH2002.016.020_4。

1969　謝惠民，〈高雄第二港口開工典禮〉，1969 年 3 月 15 日。高雄市立歷史博物館典藏，登錄號：KH2002.010.177_1。

1969　謝惠民，〈高雄第二港口開工典禮〉，1969 年 3 月 15 日。高雄市立歷史博物館典藏，登錄號：KH2002.010.177_3。

高雄市政府環境保護局

《高雄市政府環境保護局環境影響評估網站》。網址：http://ksepb.clweb.com.tw/ksepb-eia/mode02.asp?m=20151214163339648。

黃斐悅、黃靖庭

2016　〈海岸法初登場　分工整併千頭萬緒〉。《社團法人臺灣環境資訊協會環境資訊中心》。網址：https://e-info.org.tw/node/114560，2020 年 3 月 25 日上線。

臺灣史檔案資源系統

1952　楊肇嘉，〈楊肇嘉廳長偕吳國禎主席視察高雄縣照片〉。中央研究院臺灣史研究所，識別號 LJK_08_02_0022055。網址：http://tais.ith.sinica.edu.tw/sinicafrsFront/search/search_detail.jsp?xmlId=0000279084，2020 年 4 月 21 日上線。

Carse, Ashley

2016　The Anthropology of the Built Environment: What Can Environmental Anthropology Learn from Infrastructure Studies (and Vic Versa)? In A&E Engagement Blog, Vol. 2020. Http://aesengagement.wordpress.com/2016/05/17/the-anthropology-of-the-built-environment-what-can-environmental-anthropology-learn-from-infrastructure-studies-and-vice-versa/ .

Krause, Franz

2017a　Is a River "Infrastructure"? Thinking about Timber Transport on the Kemi River in Finnish Lapland. In Social water. Voices. 2017 (3). Electronic document, https://gssc.uni-koeln.de/wissenstransfer/voices-from-around-the-world/social-water, accessed May 1, 2020.

Krause, Franz, et al.

2017   Social water. Voices. 2017 (3). Electronic document, https://gssc.uni-koeln.de/wissenstransfer/voices-from-around-the-world/social-water, accessed May 1, 2020.

Quimby, Barbara

2016   Walking Over Water: Piers, Docks, and Coastal Infrastructure. In A&E Engagement Blog, Vol. 2020. Http://aesengagement.wordpress.com/2016/06/06/walking-over-water-piers-docks-and-coastal-infrastructure/ .

附錄　田野報導人列表

姓名	性別	年齡	職業	居住地
靜悅	女	26	飲料店老闆	鳳鼻頭
洪里長	男	56	里長	大林蒲
楊星	男	40	在地社區工作者	大林蒲
阿花孃	女	75	退休	大林蒲
飛魚叔	男	74	公司老闆	小港
紅伯	男	73	退休	鳳鼻頭
卿姨	女	70	退休	鳳鼻頭
綵鈺	女	44	家教老師	鳳鼻頭
柯桑	男	76	退休	大林蒲
陳嫂	女	71	退休	大林蒲
洪姊	女	55	家庭主婦	鳳鼻頭
阿義	男	53	工廠工人	鳳鼻頭

基於學術倫理，及保護當事人隱私，書中所有個人資訊皆有化名、修改。

國家圖書館出版品預行編目（CIP）資料

寓居於海陸之際：打造高雄西南海岸線社群生活的
演變 / 楊柏賢作. -- 初版. -- 高雄市：行政法人
高雄市立歷史博物館, 巨流圖書股份有限公司,
2021.11
　　面；公分. -- (高雄研究叢刊；第 10 種)
　ISBN 978-986-5465-64-3 (平裝)
　1. 海岸工程 2. 基礎工程 3. 社會變遷 4. 高雄市小
港區
443.3　　　　　　　　　　　　　　　110019564

高雄研究叢刊　第 10 種

寓居於海陸之際：打造高雄西南海岸線社群生活的演變

作　　者　楊柏賢

發 行 人　李旭騏
策畫督導　王舒瑩
行政策畫　莊建華

編輯委員會
召 集 人　吳密察
委　　員　王御風、李文環、陳計堯、陳文松

執行編輯　鍾宛君
美術編輯　弘道實業有限公司
封面設計　闊斧設計

指導單位　文化部、高雄市政府文化局
出版發行　行政法人高雄市立歷史博物館
地　　址　803003 高雄市鹽埕區中正四路 272 號
電　　話　07-5312560
傳　　真　07-5319644
網　　址　http://www.khm.org.tw

共同出版　巨流圖書股份有限公司
地　　址　802019 高雄市苓雅區五福一路 57 號 2 樓之 2
電　　話　07-2236780
傳　　真　07-2233073
網　　址　http://www.liwen.com.tw
郵政劃撥　01002323 巨流圖書股份有限公司
法律顧問　林廷隆律師
登 記 證　局版台業字第 1045 號

　ISBN　978-986-5465-64-3（平裝）
　GPN　1011001941
初版一刷　2021 年 11 月　　　　　　　　　　定價：450 元

2020 寫高雄　屬於你我的高雄歷史
文 史 獎 助 計 畫